BAUKUNDE FÜR MASCHINENTECHNIKER

LEHRBUCH FÜR TECHNISCHE LEHR-ANSTALTEN DER EISEN- UND METALLINDUSTRIE, SOWIE ZUM SELBSTUNTERRICHT

VON

DIPL. ING. A. WEISKE

STUDIENRAT AN DEN STAATL. VEREINIGTEN MASCHINENBAUSCHULEN ZU MAGDEBURG

ZWEITE AUFLAGE

MIT 194 FIGUREN IM TEXT

SPRINGER FACHMEDIEN WIESBADEN GMBH 1925

ISBN 978-3-663-15642-0   ISBN 978-3-663-16217-9 (eBook)
DOI 10.1007/978-3-663-16217-9

Vorwort.

Die Baukunde ist ein den meisten Maschinenbauern fernliegendes Gebiet und wird deshalb als Lehrfach oft stiefmütterlich behandelt. Es ist auch nicht leicht, bei der Fülle des Stoffes und der für das Fach meist kurz bemessenen Zeit das Wichtigste herauszusuchen, denn die vorhandenen Lehrbücher sind fast ausnahmslos für Bautechniker geschrieben.

In diesem Buche nun habe ich versucht, einen kurzen Abriß der Baukunde für Maschinentechniker zusammenzustellen. Er kann bei dem in Rücksicht auf den Zweck und den Preis des Buches sehr eng begrenzten Raum keinerlei Ansprüche auf Vollständigkeit machen; so sind z. B. die Gebiete der Mauer- und Holzverbände nur ganz kurz behandelt und durch eine Anzahl geeigneter Beispiele erläutert. Ich war aber bemüht, bei der Auswahl des Stoffes nach Möglichkeit das für den Maschinenbauer Wichtige zu bringen. Wer tiefer in das Gebiet der Baukunde eindringen will, dem seien die im Quellenverzeichnis genannten Werke zum Studium empfohlen.

Der Zweck des Buches soll in erster Linie der sein, den Unterricht der Baukunde an den mittleren technischen Lehranstalten der Eisen- und Metallindustrie zu unterstützen, vor allem die Arbeit des Diktierens und Nachschreibens zu ersparen, damit die zur Erweiterung des Unterrichtes durch zeichnerische und rechnerische Beispiele nötige Zeit gewonnen wird. Dies aber ist um so wünschenswerter, als die Baukunde gute Gelegenheit zum praktischen Anwenden des Mechanikunterrichtes bietet, worauf ich in diesem kurzgefaßten Lehrbuche verzichten mußte.

Aber auch vielen bereits im Berufe stehenden Maschinentechnikern wird das Buch gewiß von Nutzen sein, da die in ihm enthaltenen Beispiele zwar nicht erschöpfend, aber der Praxis entnommen sind.

An dieser Stelle will ich auch noch einmal den Firmen, die mir durch Übersendung von Zeichnungen und Prospekten in bereitwilligster Weise geholfen haben, meinen besten Dank aussprechen.

Magdeburg, im Mai 1913. **A. Weiske.**

Vorwort zur zweiten Auflage.

Dem Zweck des Buches entsprechend sind Erweiterungen nur in dem Abschnitt „Eisenkonstruktionen" vorgenommen worden, in dem kurz gefaßte Berechnungsangaben mit Beispielen hinzugefügt sind. Die Darstellung der übrigen Gebiete ist auf den heutigen Stand gebracht worden, und so hoffe ich, daß sich das Buch auch weiterhin für Unterricht und Praxis nützlich erweisen wird.

Die im Abschnitt „Der Eisenbetonbau" hinzugekommenen Figuren sind dem im Teubnerschen Verlage erschienenen Buche „Kayser, Eisenbetonbau" entnommen.

Magdeburg, im September 1925. **A. Weiske.**

Inhaltsverzeichnis.

I. Die Baumaterialien. Seite

A. Die Steine 1
B. Die Mörtel 3
C. Das Holz 4
D. Die Metalle 5

**II. Die Gründungs-
(Fundamentierungs-) Arbeiten.**

A. Der Baugrund und seine Unter-
    suchung 5
B. Gründung auf festem Baugrund 6
C. Künstliche Gründungen . . . 6
    a) Verbesserung d. Baugrundes
      und Grundverbreiterung. . 6
    b) Brunnengründungen . . . 7
    c) Pfahlroste 7
    d) Versteinerung des Bau-
      grundes 9
D. Spundwände 9

III. Mauerkonstruktionen.

A. Ausführung und Stärke der
    Mauern 11
B. Bögen und Gewölbe 14
C. Fabrikschornsteine 16
    a) Zweck und Abmessungen der
      Schornsteine 16
    b) Konstruktion d. Schornsteine 17
D. Maschinenfundamente . . . 21

IV. Holzkonstruktionen.

A. Deckenbalkenlagen 24
B. Dachstühle 26
C. Hänge- und Sprengwerke . . 27

V. Eisenkonstruktionen.

A. Schutz des Eisens gegen Rost
    und Feuer 30

Register 100

Seite

B. Die im Bauwesen verwendeten
    Eisensorten 32
C. Verbindungsmittel 33
D. Träger 38
E. Säulen und Stützen . . . 50
    a) Die gußeisernen Säulen. . 57
    b) Die Stützen aus Walzeisen 57
    c) Die Pendelsäulen 59
    d) Verbindungen von Trägern
      und Säulen 59
F. Deckenkonstruktionen . . . 60
G. Fachwerkwände 63
H. Treppen 63
J. Dächer 68
    a) Die Dachformen 69
    b) Die Dachdeckungen . . . 70
    c) Die Oberlichter 74
    d) Die Binder 77

VI. Der Eisenbetonbau.

A Die Wirkungsweise des Eisen-
    betons 86
B. Die Baumaterialien 87
    a) Der Beton 87
    b) Die Eiseneinlagen . . . 88
C. Die Grundformen d. Eisenbetons 89
    a) Die Platten und Balken . 89
    b) Die Säulen und Pfähle . . 92
    c) Die Wände 94
    d) Die Gewölbe 94
    e) Dächer 95
    f) Eisenbetonwaren 97
D. Die Ausführung von Eisen-
    betonkonstruktionen . . . 97

Quellenverzeichnis.

Hütte, Des Ingenieurs Taschenbuch, III. Teil.
Jessen u. Girndt, Baustofflehre.
Breymann, Allgemeine Baukonstruktionslehre.
Frick u. Knöll, Baukonstruktionslehre.
Walbe, Hochbau in Stein.
Geusen, Die Eisenkonstruktionen.
Kersten, Eisenhochbau.
Gregor, Der praktische Eisenhochbau.
Stahlwerksverband, Eisen im Hochbau.
Hagn, Schutz von Eisenkonstruktionen gegen Feuer.
Kayser, Eisenbetonbau.
Haimovici, Der Eisenbetonbau.
Emperger, Handbuch für Eisenbetonbau.
Förster, Grundzüge des Eisenbetonbaues.
Kersten, Der Eisenbetonbau.
Kataloge und Druckschriften verschiedener Firmen.

I. Die Baumaterialien.

Die im Bauwesen verwendeten Materialien sind in der Hauptsache folgende:

A. Die Steine.

Sowohl natürliche, als auch künstliche Steine werden zum Bauen verwendet. Von den natürlichen Steinen benutzt man diejenigen, welche neben der nötigen Festigkeit eine gute Wetterbeständigkeit besitzen, dabei aber nicht durch zu große Härte die Bearbeitung erschweren.

Die Steine werden bei ihrer Verwendung im Bauwesen fast durchweg auf Druck beansprucht; kommen aber doch Zugbeanspruchungen vor, so kann man dafür annehmen: $K_z = \frac{1}{16} K$, wobei K die absolute Druckfestigkeit des Materials bezeichnet. Bei der Bemessung der zulässigen Druckfestigkeit ist je nach Art und Verwendung eine $10 \div 20$fache Sicherheit anzunehmen.

Neben einem schönen Aussehen, das die natürlichen Steine im behauenen Zustande für Fassaden von Monumentalbauten u. dgl. geeignet macht, liegt ein Hauptvorteil gegenüber den künstlichen Steinen in der meist erheblich größeren Druckfestigkeit und der weit geringeren Wasseraufnahmefähigkeit, weshalb sich z. B. Bruchsteine ganz besonders für Fundamentmauerwerk eignen.

Als die gebräuchlichsten natürlichen Bausteine sind zu nennen:

Der Kalkstein (kohlensaurer Kalk). Er tritt in verschiedenen Formen auf. Als dichter Kalkstein bildet er einen guten Baustein, der sowohl als Haustein, wie auch als Bruchstein Verwendung findet. Seine Druckfestigkeit ist $K = 200 \div 1600$ kg/qcm.[1] Als Tuffstein ist er stark porös und dadurch ein leichter, aber meist ausreichend fester Baustein ($K = 200 \div 600$ kg/qcm). Als Marmor ist er nur zum Innenausbau zu verwenden, da seine Wetterbeständigkeit für unser Klima nicht ausreicht.

Der Sandstein. Er besteht aus Quarzsand, der durch verschiedene Bindemittel zusammengehalten wird. Von den letzteren hängt die Härte und Wetterbeständigkeit des Sandsteines ab. Am beständigsten, aber auch am härtesten ist Sandstein mit kieseligen, am schlech-

---

1) Für die zulässige Beanspruchung sind hier, wie auch an allen anderen Stellen, die „Bestimmungen über die bei Hochbauten anzunehmenden Belastungen und über die zulässigen Beanspruchungen der Baustoffe 5. Aufl. 1925. Wilh. Ernst, Berlin" maßgebend.

testen solcher mit tonigen Bindemitteln. Die Druckfestigkeit ist je nach der Güte des Sandsteines $K = 200 \div 2000$ kg/qcm.

Der Granit. Er besteht aus Feldspat, Quarz und Glimmer. Der Feldspat gibt ihm die Farbe (rot, weiß oder grün), der Quarz die Härte. Er hat eine Druckfestigkeit von $K = 800 \div 2000$ kg/qcm und wird wegen dieser hohen Festigkeit und wegen seiner großen Wetterbeständigkeit zu Fundamenten, Brückenpfeilern und ähnlichen stark beanspruchten Baukonstruktionen verwendet.

Das gleiche gilt vom **Porphyr,** dessen Druckfestigkeit $K = 500 \div 2000$ kg/qcm ist.

Nach ihrer Gestalt unterscheidet man:

Feldsteine oder **Findlinge.** Sie werden in Stücken von rundlicher Gestalt und verschiedener Größe lose im Boden gefunden. In ihrer natürlichen Form lassen sie sich schlecht vermauern; sie werden aber gespalten zu Grunmdauern benutzt, wenn bessere Steine fehlen.

Bruchsteine. Dies sind Felsstücke von unregelmäßiger Form, wie sie in Steinbrüchen losgesprengt werden. Man verwendet sie entweder in der Form, in der sie aus dem Steinbruch kommen oder roh behauen.

Hausteine oder **Quadern.** Sie werden zunächst gespalten oder durchgesägt, dann nach den verlangten Maßen genau bearbeitet, bisweilen auch geschliffen.

Unter den künstlichen Steinen ist der wichtigste der **Lehmziegel** oder **Backstein.** Er besteht aus gebranntem Lehm (Ton und Sand), der entweder in der Zusammensetzung, in der man ihn findet, verwendet wird, oder erst künstlich die richtige Mischung erhält. Die Ziegeln werden entweder von Hand geformt oder durch Maschinen, sog. Strangpressen. Nachdem der geformte Ziegel lufttrocken ist, wird er gebrannt, d. h. allmählich bis zur Weißglut erhitzt. Er nimmt dabei eine rote oder gelbe Farbe an, erstere bei eisenhaltigem, letztere bei kalkhaltigem Ton. Durch das Brennen erhält der Ziegel die erforderliche Härte und Druckfestigkeit, die bei gewöhnlichen Mauersteinen $K = 150 \div 300$ kg/qcm beträgt.

Die Güte eines Ziegelsteines erkennt man an der gleichmäßigen Farbe, der scharfkantigen Begrenzung, den ebenen Flächen und an dem hellen Klange beim Anschlagen mit einem Hammer.

Außer den gewöhnlichen Mauersteinen sollen hier noch erwähnt werden:

Poröse Steine und **Lochsteine** für Mauern, welche besonders leicht sein sollen, z. B. bei Erkern, Balkonen u. dgl.

Klinker, d. h. Ziegelsteine aus bestem kalkhaltigen Ton, der bis zur Sinterung gebrannt wird. Sie haben eine Druckfestigkeit von $K = 300 \div 800$ kg/qcm und sind undurchlässig für Wasser.

Feuerfeste Steine. Der am meisten verbreitete ist der Schamottestein, der aus feuerfestem Ton und reinem Quarzsand, meist unter Zusatz gemahlener Schamottescherben hergestellt wird.

Der Kalksandstein wird aus frischgelöschtem Kalk und Sand hergestellt. Der Kalk wird entweder vor dem Vermischen mit dem Sande gelöscht oder man setzt dem Sande ganz fein gemahlenen gebrannten Kalk zu. Im letzteren Falle lagert das Gemisch in Silos, bis sich der gebrannte Kalk an dem feuchten Sande gelöscht hat. In Pressen wird den Kalksandsteinen ihre Form gegeben, worauf sie in Kesseln unter 8 Atm. Dampfdruck erhärten.

Der Kalksandstein hat etwa die gleichen Eigenschaften wie ein Lehmziegel, ist aber billiger, als ein Ziegel gleicher Güte.

Ein sehr leichter Baustein ist **der rheinische Schwemmstein,** der aus Bimssand und gelöschtem Kalk hergestellt wird. Sein spezifisches Gewicht ist $0{,}7 \div 0{,}95$, seine Druckfestigkeit $K = 17 \div 27$ kg/qcm. Die zulässige Druckfestigkeit kann zu $2 \div 3$ kg/qcm angenommen werden. Man stellt die Schwemmsteine in verschiedenen Größen und auch als Formsteine her.

Der Beton besteht aus Zement mit Sand, Kies oder Schotter, die naß gemengt und gewöhnlich zwischen hölzerne Verschalungen gegossen oder gestampft werden. Die Druckfestigkeit des Betons ist $K = 160 \div 250$ kg/qcm. Seine Herstellung wird im Abschnitte „Eisenbetonbau" besprochen.

B. Die Mörtel.

Die Steine einer Mauer werden durch ein Bindemittel, das zunächst weich ist und nachträglich erhärtet, miteinander verbunden. Das gebräuchlichste ist:

Der Kalkmörtel. Er besteht aus gelöschtem Kalk und Sand im Raumverhältnis von $1 : 2 \div 1 : 4$. Der gelöschte Kalk entsteht aus dem gebrannten Kalk durch Zusatz von etwa ein Drittel seines Gewichtes an Wasser; der gebrannte Kalk wird aus Kalkstein durch Erhitzen desselben in Kalköfen gewonnen. Der verwendete Sand soll möglichst rein und scharfkantig sein.

Die meisten Kalkmörtel erhärten nur an der Luft, nur die aus sog. hydraulischem Kalk hergestellten „hydraulischen Mörtel" erhärten auch unter Wasser. Die Druckfestigkeit eines guten Kalkmörtels ist $K = 40$ kg/qcm, seine Zugfestigkeit $K_z = \frac{1}{8} K$.

Eine größere Festigkeit als der Kalkmörtel zeigt:

Der Zementmörtel. Er besteht aus Zement und Sand in verschiedenen Mischungsverhältnissen. Für die meisten Mauerarbeiten genügt das Verhältnis $1 : 3 \div 1 : 4$ (Zement : Sand). Das Mischungsverhältnis $1 : 1$ wird für wasserdichten Verputz angewendet.

Der Zementmörtel gehört zu den hydraulischen Mörteln. Seine Druckfestigkeit ist $K = 60 \div 140$ kg/qcm.

Sehr häufig verwendet man auch „verlängerten Zementmörtel", der durch Zusatz von Kalk zu Zementmörtel entsteht. Ein gebräuchliches Mischungsverhältnis ist: 1 Teil Zement, 2 Teile Kalk und $6 \div 8$ Teile Sand.

Es ist noch zu bemerken, daß Zementmörtel das Eisen nicht angreift, während es unter Kalkmörtel rostet.

C. Das Holz.

Die Verwendung von Holz als Baustoff ist an manchen Stellen eingeschränkt worden. Trotzdem bestehen bis heute die Balkenlagen, Fußböden u. dgl. zum größten Teile aus Holz, und gerade in den letzten Jahren ist man dazu übergegangen, Dachbinder selbst für bedeutende Spannweiten aus Holz zu konstruieren.

Der Grund, weshalb man Holz durch Eisen zu ersetzen sucht, liegt in der größeren Vergänglichkeit und Feuergefährlichkeit des Holzes gegenüber allen anderen Baustoffen. Jedes Holz erleidet eine allmähliche Zersetzung, die allerdings bei gesundem, gut ausgetrocknetem Holze nur äußerst langsam vor sich geht; es besteht jedoch die Gefahr, daß das Bauholz Krankheiten verfällt, die es rasch zerstören.

Diese Krankheiten sind vor allem die Fäule, der Schwamm und der Wurmfraß. Besonders gefährlich ist der Hausschwamm, ein Pilz, der sich namentlich im Dunkeln und bei mangelnder Luft auf feuchtem Holze leicht einfindet. Er verbreitet sich sehr rasch auf dem von ihm befallenen Holze, geht auch am Mauerwerk entlang auf andere Holzteile über und kann so in wenigen Jahren das gesamte Bauholz eines Hauses zerstören. Als Abhilfe kann nur ein vollständiges Entfernen des erkrankten Holzes und ein Bestreichen mit heißem Teer aller Stellen, an denen das Holz gelegen hat, gelten.

Der beste Schutz gegen Fäulnis und Schwamm ist die Verwendung gut lufttrockenen Holzes und Fernhalten von Feuchtigkeit, soweit dies möglich ist.

Als Bauholz wird fast ausschließlich das Holz der Nadelbäume, vorzugsweise Kiefernholz, benutzt. Letzteres hat vor dem Holze der Fichte und Tanne den Vorzug, daß es sich verhältnismäßig gut bei wechselnder Nässe und Trockenheit hält.

Die durchschnittliche Festigkeit von lufttrockenem Kiefernholz ist:

$$\text{Auf Zug} \qquad K_z = 790 \text{ kg/qcm,}$$
$$\text{,, Druck} \quad K \ = 290 \qquad \text{,,}$$
$$\text{,, Biegung} \ K_b = 470 \qquad \text{,,}$$

Die Hölzer der Laubbäume, sowie ausländische Holzarten werden nur zum Innenausbau verwendet.

D. Die Metalle.

Die Hauptverwendung findet das Eisen, vor allem Walzeisen zu Trägern, genieteten Säulen, Dachkonstruktionen u. dgl. Die gebräuchlichen Walzeisenformen sind im Abschnitt „Eisenbau" näher besprochen. Gußeisen, das früher sehr viel zu Säulen verwendet wurde, benutzt man jetzt weniger, wie ebenfalls im „Eisenbau" ausgeführt ist.

Zu erwähnen ist ferner die Verwendung von Kupfer- und Zinkblech zu Dachdeckungen.

II. Die Gründungs-(Fundamentierungs-)Arbeiten.

A. Der Baugrund und seine Untersuchung.

Jedes Bauwerk belastet seinem Gewichte und seiner Grundfläche entsprechend den Baugrund. Wo sich ein zur Aufnahme dieses Druckes nicht geeigneter Boden vorfindet, muß künstlich ein fester Baugrund geschaffen werden.

Ist der Untergrund nicht als zuverlässig genau bekannt, so muß er vor Ausführung eines Bauwerkes durch Probeausschachtungen oder — falls diese nicht genügen — durch Bohrungen untersucht werden. Dadurch will man zunächst das Bodenprofil, d. h. die Art und Mächtigkeit der einzelnen Bodenschichten. ferner die Höhe des Grundwasserstandes, die aber meist beträchtlichen Schwankungen unterworfen ist, feststellen. Die dabei verwendeten Bohrer müssen so eingerichtet sein, daß man die angebohrten Erdschichten mit dem Bohrer zugleich herauszieht. Durch Aufsetzen von Gestängen auf den Bohrer kann man mit ihm beträchtliche Tiefen erreichen.

Man unterscheidet festen oder brauchbaren und nachgebenden oder schlechten Baugrund. Zu ersterem gehören: Fels, fest gelagerter Kies oder Sand, Ton und Lehm mit geringem Wassergehalt; zu letzterem gehören: Nasser Ton- und Lehmboden oder nasser Sand, aufgeschüttetes oder angeschwemmtes Erdreich, morastiger Boden und die oberste Schicht, der sog. Mutterboden.

Nach den amtlichen Vorschriften darf guter Baugrund mit $3 \div 4$ kg/qcm beansprucht werden. Die nur ausnahmsweise zulässige Wahl höherer Beanspruchungen ist besonders zu begründen.

B. Gründung auf festem Baugrund.

Zeigt sich beim Ausheben der Baugrube kein Grundwasser, so werden die Fundamentmauern unmittelbar auf den genau horizontal ausgeschachteten Baugrund aufgesetzt. Für die Tiefe des Fundamentes gilt als Regel, daß es so weit in das Erdreich hineingeführt werden muß, bis der Frost nicht mehr unter die Fundamentsohle dringen kann. Durch abwechselndes Frieren und Tauen des Baugrundes unter den Fundamentmauern würden sonst leicht Senkungen und damit Risse im Mauerwerk entstehen.

Tritt beim Ausschachten Grundwasser zutage, so muß meist die Baugrube durch Spundwände eingeschlossen und der Wasserspiegel durch Pumpen abgesenkt werden, was aber nicht immer gelingt. In diesem Falle ist dafür Sorge zu tragen, daß später das Grundwasser nicht durch die Fundamentmauer und Kellerfußböden dringen kann.

C. Künstliche Gründungen.

Ist ein brauchbarer Baugrund in geringer Tiefe nicht zu erreichen, so muß man dem zu errichtenden Bauwerke eine künstliche Fundamentierung geben, die nach der Art des Baugrundes, der Höhe des Grundwasserspiegels u. dgl. sehr verschieden ist. Als wichtigste kommen in Betracht:

a) Verbesserung des Baugrundes und Grundverbreiterung.

Durch Anlegen einer Drainage kann man oft den Grundwasserspiegel dauernd absenken und dadurch den Baugrund verbessern. Man kann ihn ferner bisweilen durch Einstampfen von Bruchsteinen oder Einrammen kurzer Pfähle fester machen.

Bei Baugrund mittlerer Güte kann man die Baugrube breiter ausheben, als für die Fundamentmauern nötig wäre und zum Teil mit festgestampftem Kies oder besser Beton mit oder ohne Eiseneinlagen wieder ausfüllen (Fig. 1). Auf diese Weise wird der Druck des Gebäudes auf eine größere Fläche verteilt und die zulässige Druckbeanspruchung des Baugrundes nicht überschritten. Ist infolge eines starken Zudranges von Grundwasser die Trockenlegung der

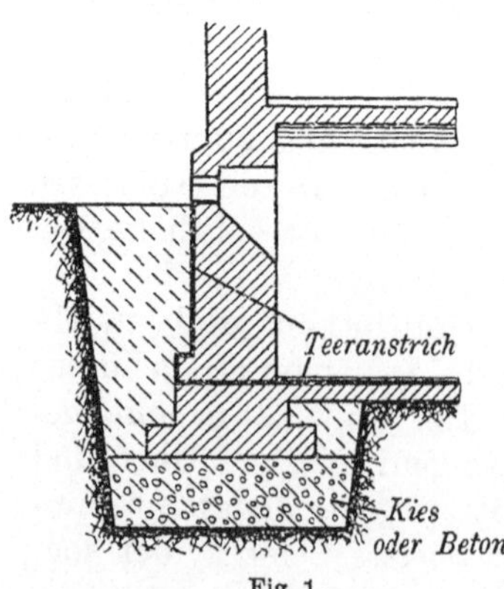

Fig. 1.

Baugrube nicht möglich, so darf Kies zur Auffüllung nicht verwendet werden, sondern man muß eine Betonschüttung von mindestens 40 cm ausführen. Nach 8÷10 Tagen hat diese die nötige Festigkeit, um mit dem Aufführen der Grundmauern beginnen zu können.

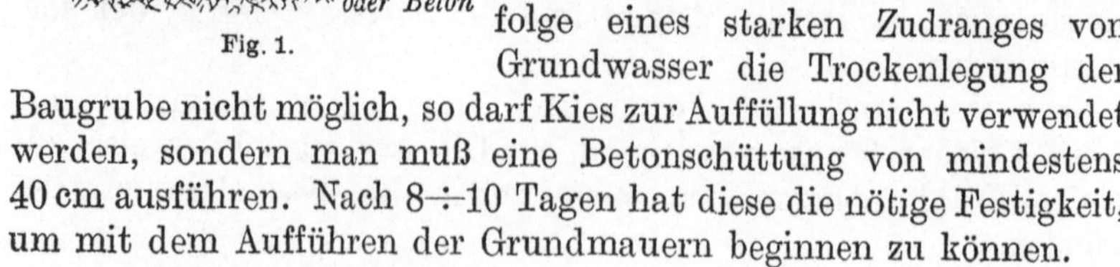

b) **Brunnengründungen.**

Besonders in morastigem Boden und losem Sande, welche über einem guten Baugrunde liegen, versenkt man sog. Brunnen, bis sie sich genügend tief in das feste Erdreich gesetzt haben. Auf diesen Brunnen ruht dann der ganze Druck des Gebäudes.

Die Brunnen werden meist auf einem kreisrunden, aus Blech und Winkeleisen genieteten Brunnenkranz (Fig. 2) aufgemauert oder man setzt Betonringe auf den Kranz. Der äußere Durchmesser beträgt etwa 1,5 ÷ 2 m. Das Absenken dieser Brunnen geschieht in der Weise, daß man sie etwa 2 m hoch mauert, dann den Brunnen mit eisernen Schienen, Sandsäcken u. dgl. bela-

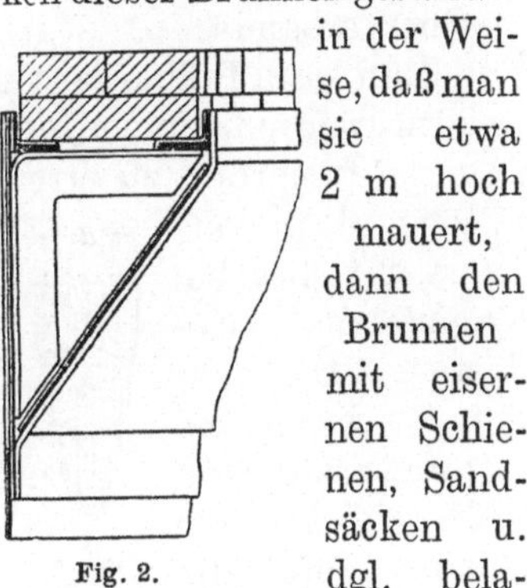

Fig. 2.

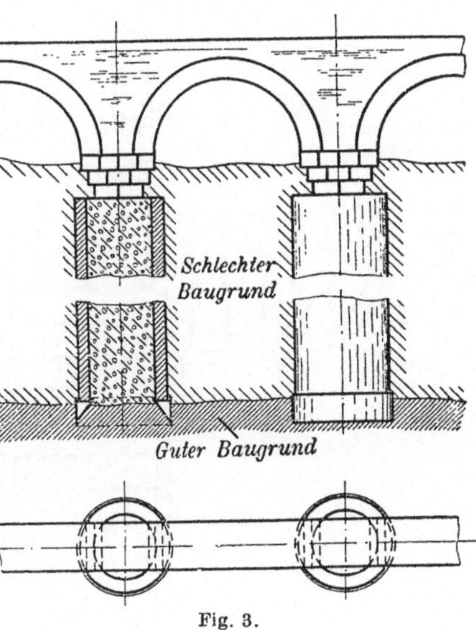

Fig. 3.

stet, während gleichzeitig aus dem Inneren des Brunnens das Erdreich ausgeschachtet oder ausgebaggert wird. Hat sich der Brunnen in dem guten Baugrunde festgesetzt, so füllt man ihn mit Steinen oder magerem Beton aus. Auf die Brunnen werden zweckmäßig einige Schichten Bruchsteinmauerwerk aufgesetzt, sodann Bögen von Brunnen zu Brunnen geschlagen, auf denen die eigentlichen Gebäudefundamente ruhen (Fig. 3).

An Stelle der gemauerten oder der Betonbrunnen verwendet man, namentlich in Tiefen bis zu 5 m, hölzerne Senkkästen. Sie bestehen aus vier kräftigen Eckpfosten, die mit Bohlen benagelt sind. Die Kästen verbleiben im Boden und werden mit Beton ausgefüllt; auch sonst gleicht diese Gründungsart ganz der vorher besprochenen.

c) **Pfahlroste.**

Liegt unter einer sehr schlechten Bodenschicht mit hohem Grundwasserstande erst in erheblicher Tiefe guter Baugrund, so wendet man häufig Pfahlroste an. Bei dieser Fundamentierung ruht dann das ganze Bauwerk auf Holz. Um dieses gegen Fäulnis zu schützen, ist es nötig, daß die Oberkante des Rostes noch unter dem tiefsten Grundwasserspiegel liegt, da Holz, das dauernd unter Wasser bleibt, gegen Fäulnis geschützt ist.

Der Rost selbst besteht aus gerammten Pfählen in $1 \div 2$ m Abstand (Fig. 4). Auf diese werden kräftige Schwellen a aufgesetzt und darauf starke Bohlen b genagelt. Auf letztere wird dann direkt das Fundament aufgemauert. Die „Zangen" c dienen zur Herstellung eines festen Querverbandes.

Man kann Pfähle bis zu 20 m Tiefe einrammen, um guten Baugrund zu erreichen, doch verursacht dies bedeutende Kosten. Bei sehr tief liegendem guten Baugrunde schließt man daher oft die

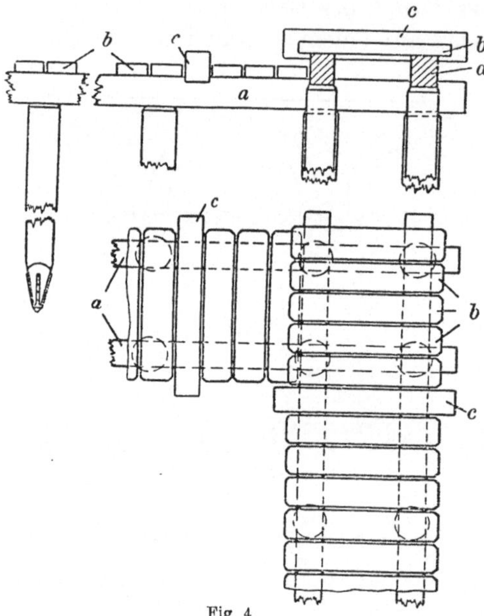

Fig. 4.

Fig. 5.

Baugrube durch Spundwände ab und rammt innerhalb dieser kürzere Pfähle in geringeren Abständen, die dann den Baugrund so zusammenpressen, daß er zusammen mit den Pfählen imstande ist, das Bauwerk zu tragen.

Um das Einrammen der Pfähle zu erleichtern, versieht man sie am unteren zugespitzten Ende mit einem Pfahlschuh (Fig. 5).

In neuerer Zeit werden die Holzpfähle auch durch Eisenbetonpfähle ersetzt, besonders, wenn ein Faulen des Holzes zu befürchten ist. Diese können entweder als fertige Pfähle eingerammt oder erst im Boden hergestellt werden. Im letzteren Falle wird z. B. folgendermaßen verfahren:

Zunächst wird ein Bohrrohr in das Erdreich getrieben, bis es den guten Baugrund erreicht hat. In dieses Rohr bringt man ein aus Eisenstäben bestehendes Gerippe und preßt nun nach Abschluß der oberen Rohröffnung durch ein dünneres Rohr zunächst Druckwasser zur Ausspülung der unteren Bodenschichten, sodann flüssigen Zementmörtel in das eisenarmierte Rohr. Dieser erfüllt nicht nur das Rohr, sondern dringt auch zum Teil in das ausgewaschene untere

Erdreich und bildet so gewissermaßen einen Säulenfuß, der eine feste Lagerung der Säule ergibt. Das Bohrrohr kann im Erdreich verbleiben, es kann aber auch herausgezogen und stets von neuem verwendet werden.

Eine sehr standsichere Konstruktion erhält man, wenn man das Bohrrohr in gewissen Abständen durchlöchert und so dem eingepreßten Zement Austritt in durchlässige Erdschichten gewährt. Die entstehende Säule zeigt dann am Umfange zahlreiche Vorsprünge und Verästelungen, die sie gegen tieferes Eindringen und auch Kippen wirksam schützen.

Das Verfahren bietet große Vorteile gegenüber dem Einrammen von Eisenbetonpfählen. Es wird billiger und liefert dabei günstigere Konstruktionen, die auch durch äußeren und inneren Teeranstrich des Bohrrohres gegen die zersetzenden Einflüsse des Erdreiches geschützt werden können.

d) Versteinerung des Baugrundes.

Hat man in einem Baugrunde zu fundamentieren, der mit Zement vermischt Beton ergibt, also Sand, Kies u. dgl., so kann man eine wässerige Zementlösung direkt ins Erdreich pressen und so den Baugrund „versteinern". Um dem eingepreßten Zement die gewünschte Richtung beim Vordringen im Erdreiche zu geben, wird eine Gruppe von Rohren eingeführt, von denen durch das eine zunächst Wasser, dann Zement gepreßt wird, während von den anderen der Reihe nach eins oben geöffnet wird, die übrigen hingegen geschlossen bleiben. Auf diese Weise kann man dem Zement, der sich natürlich den bequemsten Weg, d. h. nach dem offenen Rohre hin sucht, die Richtung vorschreiben und bekommt durch das Einpressen mit gleichzeitigem Hochziehen der Rohre einen Betonklotz von gewünschten Abmessungen.

Bei einem anderen Verfahren wird das Druckwasser durch den hohlen Schaft eines Erdbohrers bei dessen Niedergange und die Zementlösung ebenso bei dem Herausschrauben des Bohrers eingepreßt.

D. Spundwände.

Die Stärke der Spundwände schwankt zwischen 5 und 30 cm; sie richtet sich nach dem Widerstande der zu durchdringenden Erdschichten und der Größe des Erd- oder Wasserdruckes, falls dieser einseitig auftritt. Die einzelnen Bohlen, aus denen sich die Spundwand zusammensetzt, sind durch „Spundung" zusammengefügt. In Fig. 6 bis 8 sind einige gebräuchliche Ausführungen gezeigt. Bei sehr starken Wänden (Pfahlwänden) sieht man von der Spundung ab und läßt die Pfähle untereinander durch das nachträgliche Quellen des Holzes dicht werden (Fig. 9), oder man legt zwischen

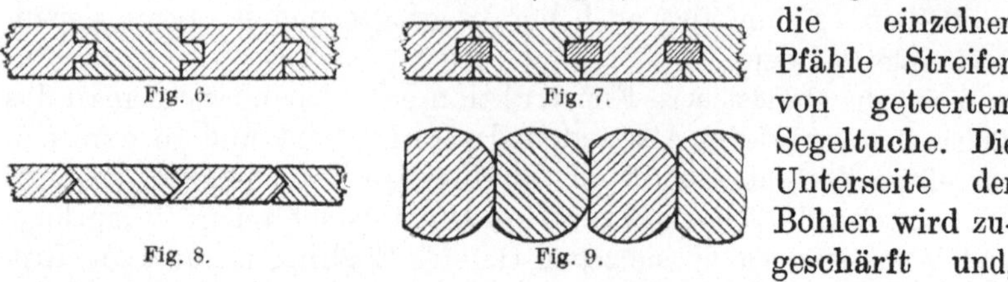

Fig. 6.   Fig. 7.

Fig. 8.   Fig. 9.

die einzelnen Pfähle Streifen von geteertem Segeltuche. Die Unterseite der Bohlen wird zugeschärft und, falls sie in festen Boden gerammt werden sollen, mit eisernen Pfahlschuhen versehen. Oben müssen die Bohlen durch einen Rahmen gegen seitliches Ausbiegen geschützt werden.

Spundwände dienen folgenden Zwecken:

1. Sie schließen die Baugrube während des Baues ab, um den Zudrang des Wassers abzuhalten, oder dessen Bewältigung durch Auspumpen der Baugrube zu ermöglichen.

2. Sie dienen bei Betonfundamentierungen im Wasser oder lockeren Erdreiche dazu, die Betonschüttung auf die gewünschte Fläche zu begrenzen.

3. Sie halten den nach Vollendung eines Bauwerkes stark belasteten Baugrund zusammen.

4. Sie finden ferner ausgedehnte Verwendung bei der Herstellung von Uferbauten, indem nach der Wasserseite hin als erste Arbeit Spundwände gerammt werden, welche die Fundamentierung der Mauern ermöglichen, sowie später ein Ausweichen und Fortspülen des Baugrundes unter der Mauer verhindern.

Überall da, wo Spundwände dauernden Bestand haben sollen, muß ihre Oberkante unter dem niedrigsten Wasserspiegel liegen, um ein Faulen des Holzes zu verhindern.

Seit einer Reihe von Jahren werden Spundwände auch vielfach aus Eisen oder Eisenbeton hergestellt. Namentlich die letzte-

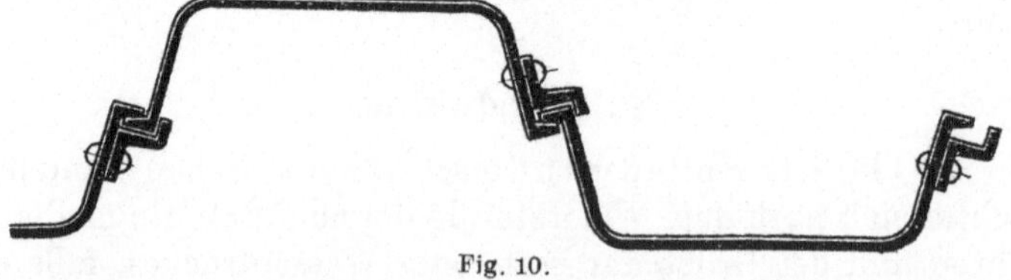

Fig. 10.

ren haben eine fast unbegrenzte Haltbarkeit, während die ersteren sich besonders durch leichte Rammarbeit auszeichnen. Fig. 10 zeigt den Querschnitt einer eisernen Spundwand „System Larssen" der Dortmunder Union, das seit einigen Jahren viel verwendet wird und sich gut bewährt hat. Eine vollkommene Abdichtung dieser Spundwand kann man dadurch erreichen, daß man vor dem Einrammen die Fugen mit Asphaltkitt oder einfach mit Ton ausstreicht.

III. Mauerkonstruktionen.

A. Ausführung und Stärke der Mauern.

Wir unterscheiden drei Arten von Mauerwerk:

Mauerwerk aus **natürlichen Steinen,**
„   „   **künstlichen**   „
„   „   **Stampfbeton.**

Das Mauerwerk aus natürlichen Steinen kann hier nur ganz kurz besprochen werden. Findlinge sind, wie bereits früher erwähnt wurde, für Mauerverbände schlecht brauchbar. Viel häufiger ist das Bruchsteinmauerwerk, das besonders für Fundamentmauern sehr geeignet ist. Für Stockwerksmauern werden Bruchsteine meist nur als „Verblender" verwendet und mit einer Ziegelhintermauerung versehen. Ebenso wird Quadermauerwerk bei monumentalen Bauten als äußere Verblendung von Ziegelmauerwerk verwendet. Nur in Gegenden, in denen die natürlichen Steine sehr billig sind, kommen sie für gewöhnliche Wohn- und Fabrikgebäude in Frage.

Weit wichtiger ist das Mauerwerk aus künstlichen Steinen, das Ziegelmauerwerk.

Der allgemein verwendete Normalziegel ist 25 cm lang, 12 cm breit und 6,5 cm hoch. Die Abmessungen sind so gewählt, daß zwei Steinbreiten mit dazwischen liegender Mörtelfuge eine Steinlänge ergeben ($12 + 1 + 12 = 25$). Auch die Kalksandsteine haben dieselben Abmessungen und werden wie die Ziegel verwendet.

Man unterscheidet zwei Arten von Fugen:

Die Lagerfuge zwischen zwei übereinander liegenden Schichten, für welche man 1,2 cm rechnet, damit man bei 1 m Mauerwerkshöhe auf ein rundes Maß, nämlich 13 Schichten kommt, und

die Stoßfuge zwischen zwei Steinen derselben Schicht, für welche 1 cm gerechnet wird.

Liegt ein Stein mit seiner Längsrichtung in Ansicht in der Mauer, so nennt man ihn einen Läufer und eine derartige Schicht eine Läuferschicht. Ist der Kopf des Steines in der Mauer sichtbar, so nennt man ihn Binder oder Strecker und eine derartige Schicht eine Binder- oder Streckerschicht. Stehen die Steine hochkant, so daß die Schicht 12 cm hoch ist, so nennt man sie eine Rollschicht.

Die Mauerstärken gibt man gewöhnlich in ganzen oder halben Steinlängen an, in Bauzeichnungen allerdings sind die Maße der Mauerstärken stets in Zentimetern eingetragen. Für die verschiedenen Mauerstärken ergeben sich folgende Maße:

Für eine　½ Stein starke Mauer 12 cm
,,　　,,　1　　,,　　　,,　　　,,　25　,,
,,　　,,　1½　,,　　　,,　　　,,　38　,,
,,　　,,　2　　,,　　　,,　　　,,　51　,,
,,　　,,　2½　,,　　　,,　　　,,　64　,, usw.

immer 13 cm mehr für ½ Stein (½ Ziegel + Mörtelfuge).

Zur Herstellung von 1 cbm Mauerwerk braucht man etwa 400 Ziegelsteine, 0,25 cbm Sand und 0,12 cbm gelöschten Kalk.

Beim Aufbau einer Ziegelmauer sind folgende Regeln zu beachten:

1. Jede Schicht muß genau wagrecht liegen und durch die ganze Mauer hindurchgehen.

2. Die Stoßfugen von zwei aufeinander liegenden Schichten dürfen weder im Inneren, noch in der Ansicht der Mauer aufeinander treffen.

3. Im Inneren einer Mauer sollen möglichst viel Binder verwendet werden.

4. In jeder Mauer sollen möglichst viel ganze Steine verwendet werden.

5. In der Ansicht sollen Läufer- und Binderschichten einander abwechseln.

6. Befinden sich an der Außenseite Läufer, so sollen Binder dahinter liegen.

Die gebräuchlichsten Mauerverbände sind:

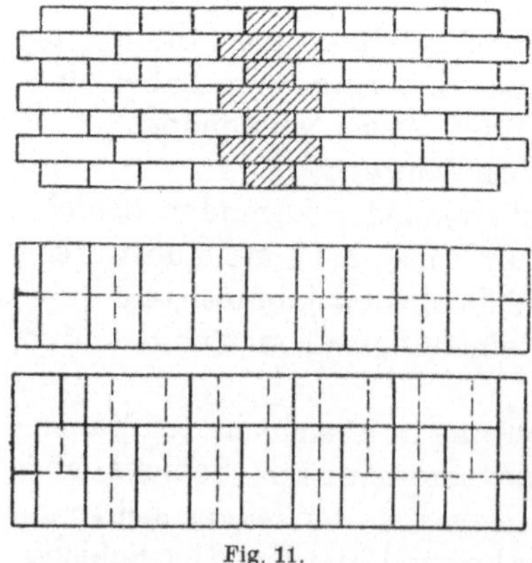

Fig. 11.

1. Der Blockverband. In der Ansicht einer Mauer im Blockverbande wechseln Läufer- und Binderschichten (d. h. nur zwei Schichten) einander ab. In Fig. 11 ist eine Mauer im Blockverbande gezeigt, oben in Ansicht, unten die Aufsicht auf eine 1 und 1½ Stein starke Mauer. Der durch den Fugenwechsel am Rande der Figur gebildete Linienzug heißt die Verzahnung.

2. Der Kreuzverband. Bei ihm wechseln vier verschiedene Schichten miteinander ab, und zwar je zwei Läufer- und zwei Binderschichten. Die Stoßfugen der zweiten Läuferschicht sind aber gegen die der ersten um ½ Stein versetzt.

Fig. 12 zeigt eine 2 Stein starke Mauer im Kreuzverband; die Verzahnung läßt den durch den Fugenwechsel bedingten besseren Verband der Steine gegenüber dem Blockverbande erkennen.

Die den Block- bzw. Kreuzverband kennzeichnenden Steingruppen sind durch Schraffieren hervorgehoben.

Für die Stärke der Gebäudemauern kann als Regel gelten, daß man

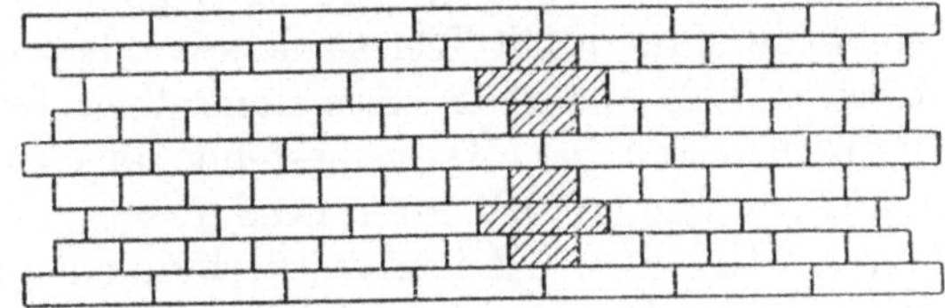

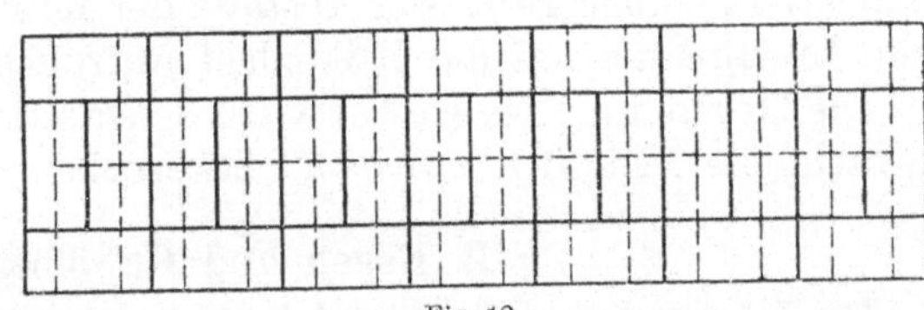

Fig. 12.

Außenmauern in den beiden oberen Stockwerken $1^1/_2$ Stein stark macht und nach unten bei je zwei Stockwerken $^1/_2$ Stein zugibt.

Innenmauern, die durch Balken belastet sind, macht man $^1/_2$ Stein schwächer, als die zugehörigen Außenmauern. Nicht belastete Innenwände macht man 1 Stein stark; dienen sie aber nur zur Trennung zweier Räume, ohne zur Versteifung des Gebäudes nötig zu sein, so können sie beliebig schwach gehalten werden.

Kellermauern macht man $^1/_2$ Stein stärker, als die unmittelbar darüber stehenden Mauern.

Fundamentmauern verbreitert man beiderseitig in Absätzen von $^1/_4$ Stein bei Ziegelmauerwerk und von 10 bis 15 cm bei Betonfundamenten.

Bei besonders großen Belastungen müssen die Mauerstärken rechnerisch ermittelt werden, wobei man je nach der Güte des Mauerwerkes $5 \div 10$ kg/qcm (normal 7 kg/qcm) zulässige Druckbeanspruchung annimmt.

Um ein Aufsteigen der Erdfeuchtigkeit im Mauerwerk zu verhindern, bestreicht man eine durchgehende Lagerfuge oberhalb des höchsten Grundwasserspiegels mit heißem Asphaltteer, oder man belegt sie mit Dachpappe, die mit Teer getränkt wird (Fig. 1). Ebenso streicht man die im Boden liegende Außenseite des Mauerwerks mit heißem Teer oder gibt ihr einen kräftigen Zementverputz von der Mischung 1:2.

Liegt der höchste Grundwasserspiegel über dem Fußboden des Kellers, so muß man diesen durch eine entsprechend starke Betonschicht mit Asphaltauflage schützen. Bei starkem Druck des Grundwassers von unten muß man die Betonschicht durch Eiseneinlagen oder dgl. verstärken.

Zum Schutze gegen Witterungseinflüsse kann man freistehende Mauern mit Teer streichen, oder auch mit Schiefer, Zinkblech u. dgl. abdecken. Aus demselben Grunde stellt man auch Hohlmauern her. Diese bestehen aus zwei parallel zueinander laufenden Mauern, die durch Binder, sog. Ankersteine, oder auch durch Flacheisen miteinander verbunden sind. Damit die Ankersteine nicht die Feuchtigkeit leiten, taucht man sie vor dem Vermauern in heißen Teer. Der Abstand der Mauern beträgt 6 ÷ 12 cm; die Innenmauer hat die Balkenlast aufzunehmen.

Die Herstellung des Mauerwerkes aus Stampfbeton wird im Abschnitte „Eisenbetonbau" besprochen.

B. Bögen und Gewölbe.

Die **Bögen** dienen im Hausbau hauptsächlich zum Überspannen von Fenster- und Türöffnungen.

Gebräuchliche Abmessungen sind:

	Breite	Höhe
Für einflügelige Fenster	0,4 ÷ 0,7 m	0,8 ÷ 1,4 m
„ zweiflügelige „	1,0 ÷ 1,3 „	1,8 ÷ 2,3 „
„ einflügelige Zimmertüren	0,9 ÷ 1,0 „	2,0 ÷ 2,2 „
„ zweiflügelige „	1,4 ÷ 1,8 „	2,4 ÷ 2,6 „
„ Haustüren	1,2 ÷ 1,8 „	2,4 ÷ 2,6 „
„ Einfahrtstore	mindestens 2,5 „	2,8 „

Bisweilen hat aber auch ein Bogen die Aufgabe, den Druck eines breiten Mauerstreifens auf zwei seitliche Auflager abzuleiten, z. B. bei

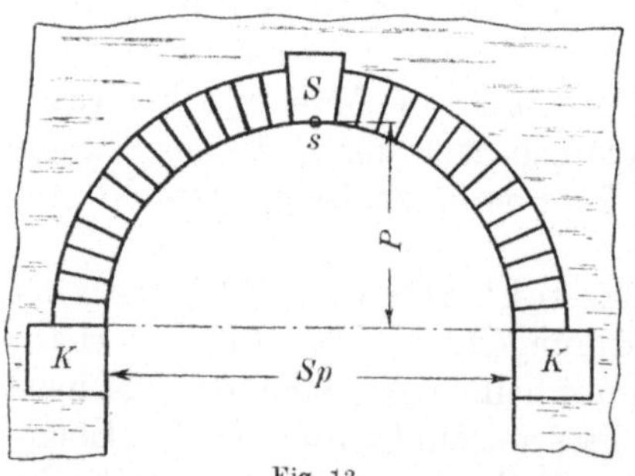
Fig. 13.

Mühlen, unter denen ein Wasserlauf hindurchgeführt ist. Wenn auch in einem solchen Falle das über dem Wasserlauf befindliche Mauerwerk z. B. auf eisernen Trägern ruht, so ist es doch zweckmäßig, die Träger durch einen über sie gespannten Bogen zu entlasten.

Die senkrecht auf den Bogen wirkenden Druckkräfte werden innerhalb des Bogens weitergeleitet und ergeben am Auflager eine schräg gerichtete Kraft, die man sich in eine Vertikal- und eine Horizontalkomponente zerlegt denken kann. Sind die Widerlager nicht stark genug, um den seitlichen Schub aufzunehmen, so müssen sie gegeneinander verankert werden.

Für alle Bögen gelten folgende Bezeichnungen (Fig. 13):

$Sp =$ Spannweite des Bogens,
$P =$ Pfeil- oder Stichhöhe des Bogens,
$s =$ Scheitel des Bogens,
$S =$ Schlußstein,
$K =$ Kämpferstein (Widerlager).

Die gebräuchlichsten Bogenformen sind:

Der Halbkreisbogen, auch Rund- oder Zirkelbogen genannt (Fig. 13).

Der Stichbogen (Fig. 14). Er entsteht, wenn man von einem Halbkreisbogen den oberen Teil abschneidet. Die Stichhöhe beträgt $^1/_{12} \div {}^1/_3$ der Spannweite.

Der scheitrechte Bogen (Fig. 15). Die untere Kante ist stets geradlinig, die obere kann gewölbt oder geradlinig sein. Die Fugen gehen nach einem gemeinsamen Mittelpunkte. Er ist nur für schmale Öffnungen brauchbar, bei größeren Spannweiten muß man ihn mit einem Entlastungsbogen überspannen.

Fig. 14.

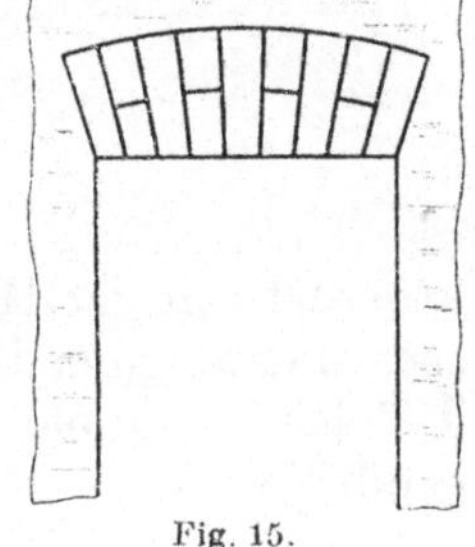

Fig. 15.

Der Spitzbogen (Fig. 16). Die Mittelpunkte der begrenzenden Kreisbögen liegen oft in den Kämpferpunkten; sie können aber auch innerhalb oder außerhalb derselben liegen, wodurch der Bogen stumpfer oder spitzer wird.

Der Korbbogen (Fig. 17) und der ihm ähnliche **elliptische Bogen.** Die Konstruktion des Korbbogens ist aus der Figur ersichtlich.

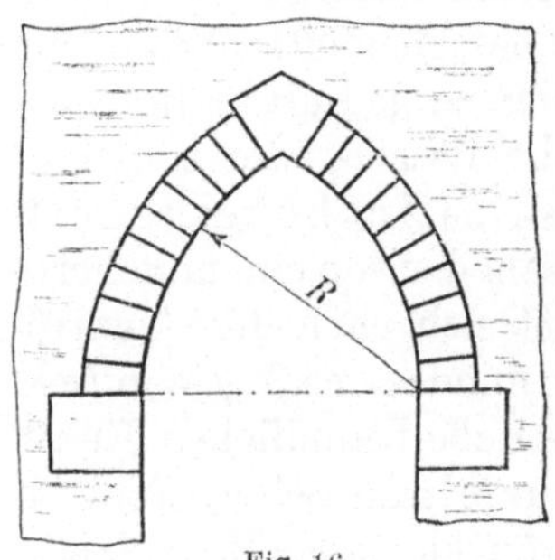

Fig. 16.

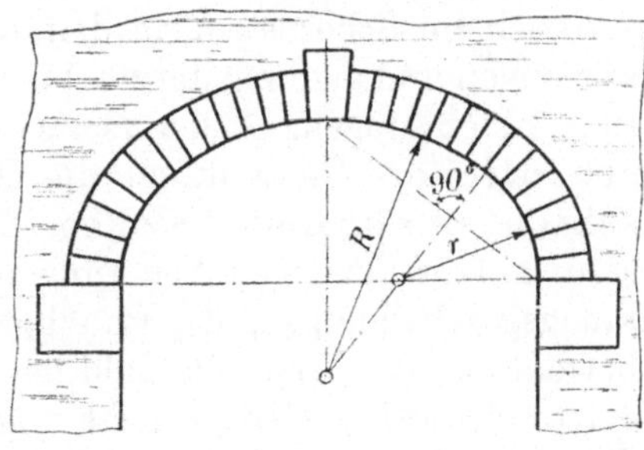

Fig. 17.

Jeder Bogen muß bei der Herstellung unterstützt werden, was durch „Lehrbogen" bei schmalen und „Lehrgerüste" bei brei-

ten, schweren Bogen geschieht. Fig. 14 zeigt einen solchen Lehrbogen, der aus einem entsprechend geformten Brette mit Unterstützung in der Maueröffnung besteht. Die Lehrbogen dürfen erst
dann entfernt werden, wenn der Mörtel oder der Beton abgebunden
hat.

Die **Gewölbe** entstehen aus den verschiedenen Bogenformen, so
z. B. das Tonnengewölbe aus dem Halbkreisbogen. Die Gewölbe haben jedoch ihre frühere Bedeutung für den Hausbau ver-
loren, da bei ihrer Anwendung der Raum schlecht ausgenützt wird.
An ihre Stelle sind, auch bei größeren Spannweiten, die horizontalen
Steindecken getreten, welche später besprochen werden.

Nur zum Überdecken von Kellern, Speicher- und Fabrikräumen
oder dgl. wird noch ein Gewölbe viel angewendet, nämlich die dem
Stichbogen entsprechende **„preußische Kappe"** (Fig. 18). Sie be-

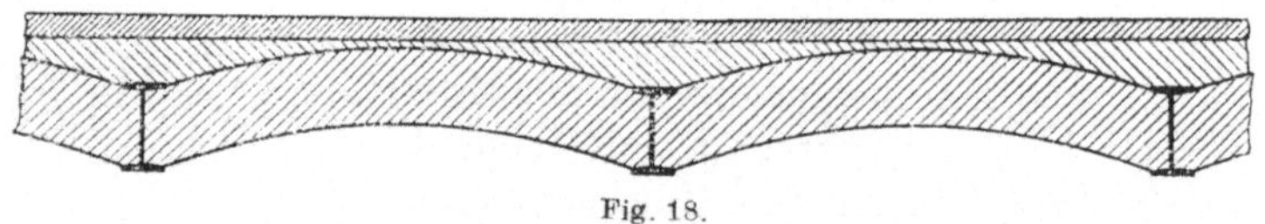

Fig. 18.

ansprucht in der Höhe nur einen geringen Raum und bildet eine
sehr tragfähige und feuersichere Decke, die besonders oft zwischen
I-Trägern, sowohl in Beton, als auch in Ziegelmauerwerk ausgeführt wird.

C. Fabrikschornsteine.[1]

a) Zweck und Abmessungen der Schornsteine.

Die Schornsteine haben z w e i Z w e c k e zu erfüllen: Einerseits
dienen sie zur Erzeugung des erforderlichen Zuges, d. h. die
infolge ihrer höheren Temperatur spezifisch leichteren Rauchgase
erhalten gegenüber der spezifisch schwereren äußeren Luft einen
Auftrieb im Schornstein, in dem sie mit beschleunigter Bewegung
aufsteigen und dadurch die zur Verbrennung nötige Luft in die Feue-
rung hineinsaugen. Andererseits sollen die Rauch- oder sonstigen
schädlichen Gase durch die Schornsteine in höhere Luft-
schichten abgeleitet werden. Die Anzahl der von einem Schornstein aufzunehmenden Feuerungen richtet sich nach der Ausströmungsgeschwindigkeit der Rauchgase, die mindestens $3 \div 4$ m/sek.
betragen muß. Wenn die Zahl der im Betriebe befindlichen Kessel
stark schwankt, so ist es nicht ratsam, nur einen Schornstein für
die ganze Anlage zu bauen, da sich sonst für kleineren Betrieb eine
zu geringe, für starken Betrieb eine zu große Ausströmungs-

---

1) Nach Angaben der Firma J. A. Topf & Sœhne in Erfurt bearbeitet.

geschwindigkeit ergibt. Die Anlage zweier oder mehrerer Schornsteine ist in solchen Fällen unbedingt vorzuziehen.

Eine gebräuchliche Formel zur Berechnung der oberen lichten Weite der Schornsteine ist die folgende:

$$F_0 = \frac{B \cdot G \cdot (1 + \alpha t_0)}{\gamma \cdot \delta \cdot 3600 \cdot v_n}.$$

Hierbei bezeichnet:

$F_0 = $ lichter oberer Querschnitt

$B = $ stündlich verfeuerte Brennstoffmenge in kg

$G = $ Gasmenge, die von 1 kg Brennstoff erzeugt wird, bei Steinkohle $\sim$ 16 cbm, bei Braunkohle $\sim$ 12 cbm

$\alpha = $ Ausdehnungskoeffizient der Rauchgase

$t_0 = $ Austrittstemperatur der Rauchgase aus dem Schornstein $(150 \div 200\,^0)$

$\gamma = $ Gewicht von 1 cbm Luft von mittlerer Feuchtigkeit bei $0\,^0$ und 760 mm Q. S. (1,293g)

$\delta = $ Dichte der Rauchgase, bezogen auf Luft (1,1)

$v_n = $ notwendige Ausströmungsgeschwindigkeit an der Mündung $(3 \div 4 \text{ m/sek.})$

Die Werte lassen sich teils bestimmen, teils müssen sie geschätzt, bzw. angenommen werden.

Die **Höhe eines Schornsteines** läßt sich nach folgender Formel feststellen:

$$H_r = (15 d_0 + 2{,}5 v_n + 0{,}04\, l - 1{,}45) \frac{700 - t_m}{200 + t_m}.$$

Hierin bedeutet:

$H_r = $ Schornsteinhöhe, gemessen über dem Roste

$d_0 = $ lichter Durchmesser der oberen Schornsteinmündung

$l = $ Länge der Feuerzüge und des Fuchses

$t_m = $ mittlere Rauchgastemperatur im Schornstein.

Sowohl die lichte Weite, wie auch die Höhe der Schornsteine sind eher zu reichlich, als zu gering zu wählen, vor allem muß der Schornstein die Umgebung überragen. Als geringste Maße können für die Höhe 15 m und für die obere Weite 0,60 m gelten.

b) Konstruktion der Schornsteine.

Der größte Wert und die meiste Vorsicht bei Herstellung von Schornsteinen ist auf das Fundament zu legen, da sehr oft Rissebildungen und Schiefwerden von Schornsteinen auf schlechte Fundierung zurückzuführen sind. Falls guter Baugrund vorhanden ist, berechnet man die **Tiefe des Fundamentes** nach folgender Formel:

$$H_n = 1{,}0 + r_0 + 0{,}02 H,$$

worin bedeutet:

$$H_n = \text{Tiefe der Fundamentsohle unter Terrain}$$
$$H = \text{Höhe des Schornsteines über Terrain}$$
$$r_0 = \text{oberer lichter Radius.}$$

Bei schlechtem Baugrunde ist durch eine künstliche Fundamentierung für die nötige Standsicherheit des Schornsteines zu sorgen.

Das Fundament wird am besten aus Beton von der Mischung 1 : 7 ausgeführt, doch müssen die von den Rauchgasen berührten Flächen mit Hartbrandsteinen, bei sehr hohen Temperaturen der Rauchgase mit Schamottesteinen verkleidet werden. Für die Berechnung des Querschnittes der unteren Platte gelten die ministeriellen Vorschriften.

Im allgemeinen baut man heute die Schornsteine vom Fundament aus mit rundem Querschnitt, und nur aus architektonischen Gründen wählt man noch oft einen Sockel. Letzteres geschieht auch dann, wenn der Schornstein in ein Gebäude eingebaut wird, wobei sich der viereckige Querschnitt besser der Gebäudeform anpaßt, als der runde.

Die **Säule** erhält fast immer einen runden Querschnitt. Dieser bietet einerseits dem Winde den geringsten Widerstand und ist andererseits auch am günstigsten für die Ableitung der Rauchgase, da letztere schraubenförmig im Schornstein hochsteigen.

Zur Herstellung des Säulenmauerwerkes benutzt man „Radialsteine", welche den einzelnen Durchmessern der Säule angepaßt und hartgebrannt sind. Sie werden als Lochsteine geformt, weil der in die Löcher dringende Mörtel eine besonders feste vertikale Verbindung des Mauerwerkes hervorruft und das Eigengewicht des Schornsteines verringert wird. Bei größeren Schornsteinen von 2,80 m. l. W. an aufwärts verwendet man zweckmäßig nur gute Normal-Hartbrandsteine, weil man dann den Kreuzverband anwenden kann, der das festeste und haltbarste Mauerwerk ergibt.

Die achteckige Querschnittsform für die Säule wird nur da angewendet, wo Radialsteine am Orte oder in der Nähe nicht hergestellt werden und ihre Beschaffung zu bedeutende Kosten verursachen würde.

Die Berechnung der Abmessungen erfolgt unter der Annahme, daß es sich um einen einseitig eingespannten Balken mit gleichmäßiger Belastung handelt. Als biegende Kraft tritt der Winddruck auf, für dessen Annahme, wie auch für die zulässigen Beanspruchungen im Mauerwerk die ministeriellen Vorschriften gelten.

Die ganze Höhe des Schornsteines wird in eine Anzahl von Schüssen mit Dossierung, d. h. treppenförmigen Absätzen im

Innern eingeteilt. Da sich die äußere Begrenzung der Schornsteine nach oben zu verjüngt, so erreicht man durch die Dossierung eine innerhalb eines Schusses gleiche Wandstärke, die aber von Schuß zu Schuß nach oben hin abnimmt (Fig. 19). Die Höhe eines Schusses kann zu 5 ÷ 6 m (bei besonders hohen Schornsteinen mehr) und die Dossierung etwa zu 2 cm auf 1 m Höhe angenommen werden. Es ist aber darauf zu achten, daß die Wandstärken nicht allzu schwach ausfallen; die obere Wandstärke darf auch bei den kleinsten Schornsteinen nie unter 20 cm betragen.

Als oberen Abschluß der Säule bildet man einen Kopf aus, dessen Form und Abmessungen jedoch nicht allzu weit ausladen sollen, da derartige Köpfe unschön wirken und unzweckmäßig sind.

Bei jeder Schornsteinanlage ist der Einbau eines **Futters** von großem Vorteil und zwar muß dasselbe so angeordnet werden, daß es sich bei Temperaturschwankungen vollständig frei bewegen kann. Man läßt deshalb zwischen Säulen- und Futtermauerwerk eine Luftschicht von mindestens 4 cm und verbindet sie durch Fortlassen eines Ziegelsteines im Mauerverbande (z. B. am oberen Ende der Abtreppung in Fig. 23) mit der Außenluft. Die Höhe des Futters wählt man im allgemeinen zu $\frac{1}{3}$ der gesamten Schornsteinhöhe. Es wird bei kleineren Durchmessern aus guten hartgebrannten Radial-Tonsteinen, bei größeren Durchmessern aus Normal-Hartbrandsteinen hergestellt. Bei außergewöhnlich hohen Temperaturen der Rauchgase ist trotz des hohen Preises ein Schamottefutter vorzuziehen. Die Abdeckung der Isolierschicht zwischen Futter und Säule geschieht am besten mittels einer Flachschicht, welche auf einige auskragende Schichten der Säule und das Futter gemauert wird (Fig. 20). Die Stärke des Futters beträgt mindestens $\frac{1}{100}$ der jeweiligen Höhen in Absätzen von 5 zu 5 m.

Das Futter wird meist im Fundament bis auf die Sohle des Fuchskanals herabgeführt und zwar setzt man es entweder fest ins Betonfundament ein (Fig. 21) oder man läßt es in ihm frei aufstehen, wie aus Fig. 19 und 23 zu ersehen ist. Die erstere Anordnung ist die häufigste, gestattet aber nicht eine vollständig freie Bewegung des Futters, wie dies bei der letzteren der Fall ist.

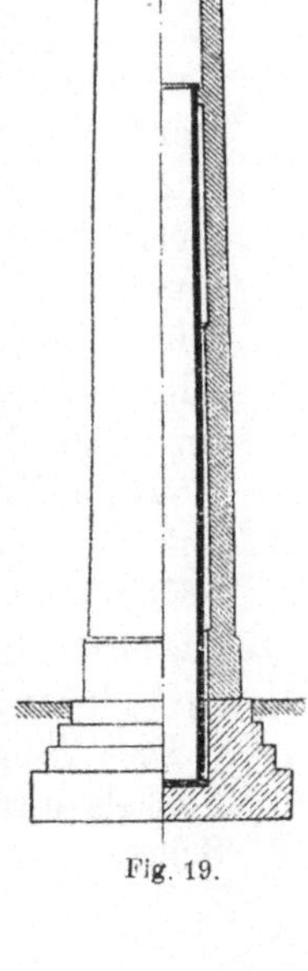

Fig. 19.

Es ist zu empfehlen, daß jeder Schornstein am Kopfe durch einen Ring verankert wird und auch am Fuße, wenn an diesem

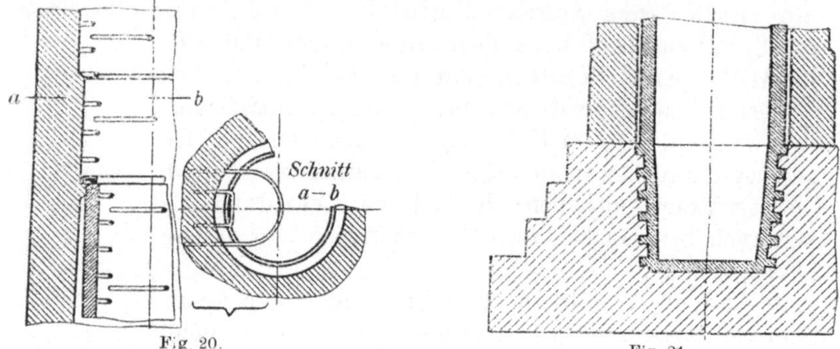

Fig. 20.   Fig. 21.

Fuchs- oder sonstige Kanäle über Terrain einmünden. In Fig. 22 ist die Verbindungsstelle eines solchen Verankerungsringes gezeigt, der

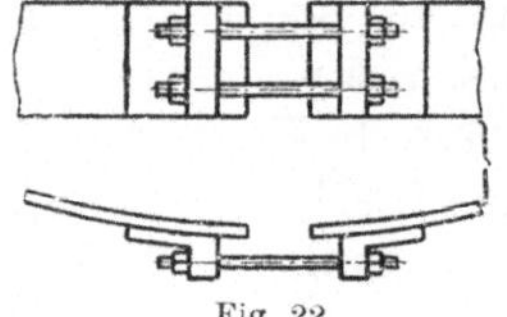

Fig. 22.

aus zwei Teilen besteht. Alle Schornsteine, welche Heizgase von höheren Temperaturen abzuführen haben, erhalten am besten von Anfang an in ihrer ganzen Höhe Ringe in Abständen von $2 \div 3$ m.

Jeder Schornstein muß ferner besteigbar sein, weshalb man am inneren oder auch am äußeren Umfange Steigeisen anbringt, oft auch noch darüber Schutzbügel, wie in Fig. 20 zu erkennen ist.

Auf die Konstruktion der **Einmündung des Fuchses** in den Schornstein ist ganz besondere Sorgfalt zu verwenden und zwar ist außer der schon erwähnten Ringverankerung eine kräftige Querverankerung einzubauen. Außerdem sind Wangenvorbauten anzuordnen (Fig. 23), welche eine horizontale Fläche von mindestens demselben Querschnitt aufweisen, wie derjenige, welcher durch die Fuchsöffnung an dem horizontalen Querschnitt der Säule fehlt. Die Überwölbung des Fuchses geschieht durch einen Stich- oder Halbkreisbogen, über welchem sich noch eine Übertreppung unter 60° befindet (Fig. 23). Häufig werden auch gleich über das Gewölbe I-Träger in entsprechend starken Profilen gelegt und darauf sofort wieder das volle Mauerwerk gesetzt (Fig. 24). Diese Anordnung ist zwar die einfachere, doch ist die in Fig. 23 gezeigte vorzuziehen, da sie ein freies Bewegen des Gewölbebogens bei Temperaturänderungen ermöglicht.

Die Wangenvorbauten, welche von dem untersten Absatze des Sockels lotrecht hochgemauert werden, sind gleichzeitig mit dem Schornsteinmauerwerk auszuführen. Das Mauerwerk des Fuchses darf dann erst später, wenn der Schornstein sich genügend gesetzt hat, hieran angeschlossen werden, wofür gleich beim Aufmauern eine Verzahnung in den Wangenvorbauten zu lassen ist.

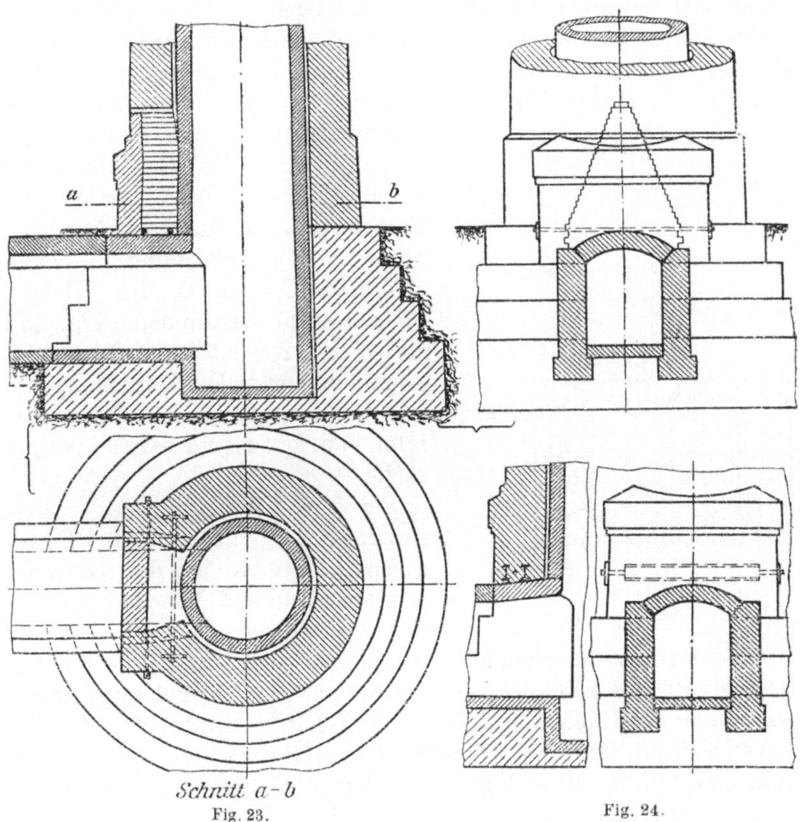

D. Maschinenfundamente.

Die **Tiefe des Fundamentes** für eine Maschine richtet sich vor allem nach dem Baugrund und nach der Art, erst in zweiter Linie nach dem Gewicht und der Größe der zu befestigenden Maschine.

Maschinen mit nur drehender Bewegung ohne Riemenzug u. dgl., wie z. B. Dampfturbinen, welche unmittelbar mit einem Elektromotor gekuppelt sind, brauchen lediglich ein Fundament, welches imstande ist, das Gewicht der betreffenden Maschine sicher zu tragen; eine Befestigung auf ihrer Unterlage ist eigentlich überhaupt nicht nötig, da ja jeder Horizontalschub fehlt.

Maschinen mit hin- und hergehenden Massen, wie z. B. Kolbendampfmaschinen, bedürfen dagegen eines **kräftigen** Funda-

mentes und einer sicheren Befestigung auf ihm. Der Fundamentklotz muß so schwer sein, daß die auftretenden horizontal gerichteten Massenwirkungen nicht imstande sind, die mit dem Fundament fest verankerte Maschine zu bewegen.

Bei Maschinen mit bedeutendem Kippmoment, z. B.
bei Auslegerkranen, ist ebenfalls ein genügend schweres und breites
Fundament erforderlich, da sich sonst — eine gute Verankerung des
Kranes vorausgesetzt — der Fundamentklotz mit dem Krane schief

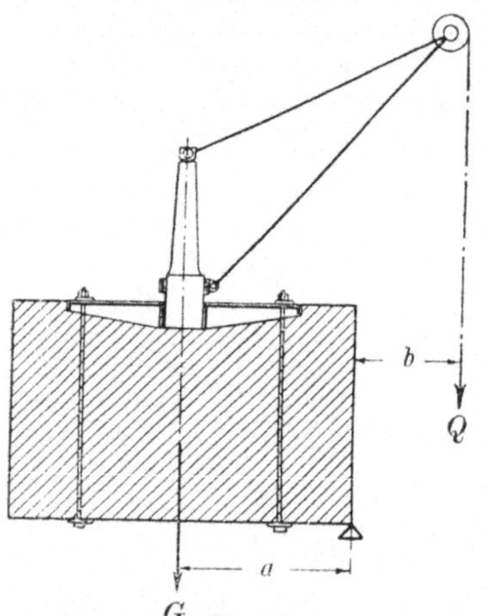

stellen könnte. Das Gewicht G des
erforderlichen Fundamentklotzes
läßt sich leicht durch Aufstellung
einer Momentengleichung in bezug
auf den Drehpunkt des Klotzes
($G \cdot a = Q \cdot b$) bestimmen (Fig. 25),
wobei eine $2 \div 2{,}5$ fache Sicherheit
anzunehmen ist. Die Bemessung des
Fundamentes für Kolbendampfmaschinen u. dgl. ist mehr Erfahrungs-
sache.

Bei Vorstehendem ist als Voraus-
setzung angenommen, daß der Baugrund imstande ist, das Gewicht
von Maschine und Fundamentklotz
sicher zu tragen. Es muß also bei
der Bemessung der Fundamentsohle vor allem auf die Tragfähigkeit des Bodens Rücksicht genommen werden. Der zulässige spezifische Flächendruck ist möglichst gering anzunehmen, damit nicht
ein einseitiges Setzen des Mauerwerkes erfolgen kann. Bei schlechtem Baugrunde ist eine geeignete künstliche Fundamentierung vorzusehen.

Für die **Herstellung eines Maschinenfundamentes** gelten folgende
Regeln:

Die **Baugrube** muß eine genau horizontale, in einer Ebene liegende
Sohle haben, was mit der Wasserwage zu prüfen ist.

Das **Mauerwerk** wird meist aus Stampfbeton hergestellt. Soll
Ziegelmauerwerk ausgeführt werden, so sind hierzu beste Hart-
brandsteine und Zementmörtel im Mischungsverhältnis $1 : 2 \div$
$1 : 2{,}5$ zu verwenden. Für das untere Drittel genügen auch gewöhnliche Ziegeln und verlängerter Zementmörtel.

Stampfbeton wird in normalen Mischungsverhältnissen ausgeführt; vor allem aber ist bei den Betonfundamenten darauf zu
sehen, daß der Beton die nötige Zeit zum Abbinden hat, was ganz
besonders für unterkellerte Fundamente gilt. Frühstens acht Tage

nach Fertigstellung des Fundamentes darf mit größter Vorsicht der Maschinenrahmen aufgelegt werden, doch ist jede Erschütterung dabei gefährlich, da ein im frischen Beton entstehender Riß die Haltbarkeit des ganzen Fundamentes in Frage stellen kann. Versteifungen, welche innerhalb des Fundamentes gelegene Gewölbe abstützen, dürfen nicht vor Ablauf von vier Wochen entfernt werden, da erst dann mit der vollen Tragfähigkeit des Betons gerechnet werden kann. Im übrigen gilt für die Ausführung der Betonarbeiten alles, was später im Abschnitt „Eisenbetonbau" gesagt ist.

Für die **Ankerschrauben** sind bei der Herstellung des Fundamentes die erforderlichen Öffnungen auszusparen, was durch Einsetzen schwach konischer Holzstempel geschieht, die aber beim Bau von Zeit zu Zeit bewegt werden müssen, da sonst durch Anhaften des Zementmörtels oder Betons ihr späteres Entfernen sehr erschwert wird.

Bei kleineren Maschinen genügt die Verwendung von Fundamentankern mit Hammerkopf, bei denen die Ankerplatte nicht zugänglich ist (Fig. 26). Letztere werden fest eingemauert und

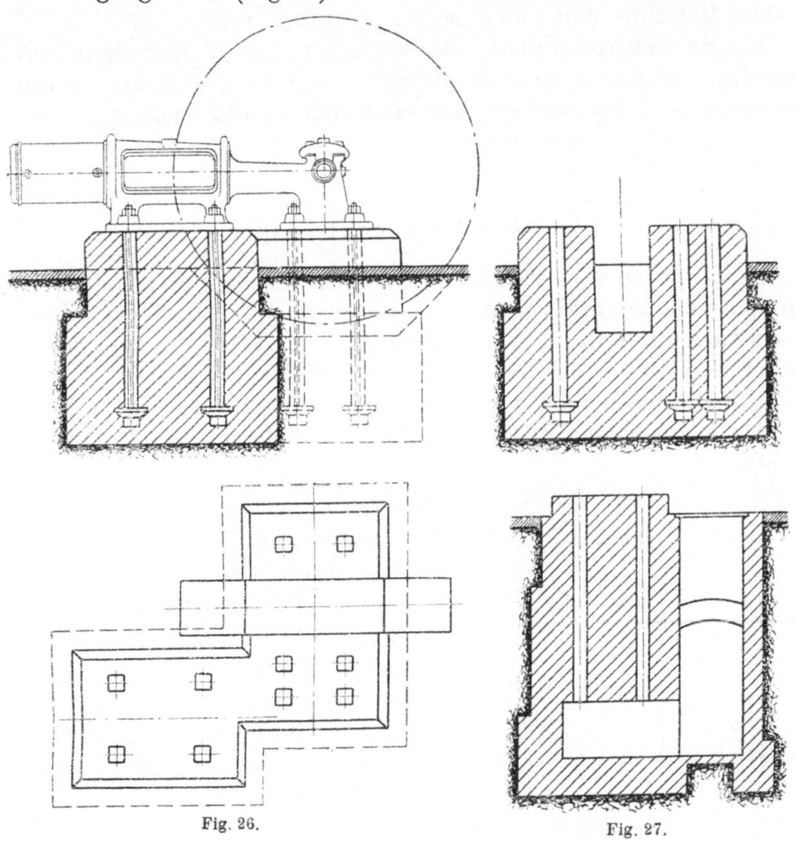

Fig. 26.

Fig. 27.

müssen unter sich den nötigen freien Raum haben, um den Anker vor dem Einlegen in die Aussparung der Platte um 90° drehen zu können.

Bei größeren Maschinen sind im Fundamente begehbare Kanäle mit seitlichen Nischen für die Ankerplatten vorzusehen, die eine ständige Kontrolle der unteren Ankerbefestigung ermöglichen (Fig. 27).

Die Befestigung von Maschinen durch Steinschrauben ist nur da auszuführen, wo sich Anker nicht anbringen lassen. Man vergießt dann die in möglichst knapp bemessene konische Löcher des Fundamentes eingesetzten Schrauben mit Zement, oder, falls man nicht auf dessen Abbinden warten kann, mit Blei oder Schwefel.

Um die oft unvermeidlichen, durch die Maschine hervorgerufenen Erschütterungen nicht auf die Gebäudemauern zu übertragen, ist es nötig, daß das Maschinenfundament ganz vom Gebäudefundament getrennt für sich im Erdreich steht. Zur Abschwächung der Erschütterungen und Geräusche können elastische Unterlagen zwischen Maschine und Fundament angeordnet werden.

Die Schwungradgrube ist so zu bemessen, daß in sie hineingefallene Gegenstände entfernt werden können. Falls der Grundwasserspiegel im Bereich der Schwungradgrube liegt, ist diese wasserdicht zu verputzen.

IV. Holzkonstruktionen.

Es würde zu weit führen, an dieser Stelle alle Holzverbände zu besprechen, die im Hochbau Verwendung finden. Manche von ihnen sind auch durch die Einführung des Eisens an Stelle des Holzes veraltet und ganz entbehrlich, so z. B. viele Holzverbände, die zur Verstärkung oder Verlängerung von Balken dienen.

Als Beispiele von **Balkenverbindungen** sollen nur folgende erwähnt werden:

A. Deckenbalkenlagen.

Die für Decken oder andere Zwecke bestimmten Balken erhalten einen rechteckigen Querschnitt, und zwar findet man die zweckmäßigsten Abmessungen nach Fig. 28 als $b : h = 1 : \sqrt{2}$ oder ungefähr $b : h = 5 : 7$. Die gebräuchlichsten Balkenmaße sind 18×24 bis 20×26; die freie Länge soll möglichst 6 m nicht überschreiten, da man sonst zu große Balkenquerschnitte nötig hat.

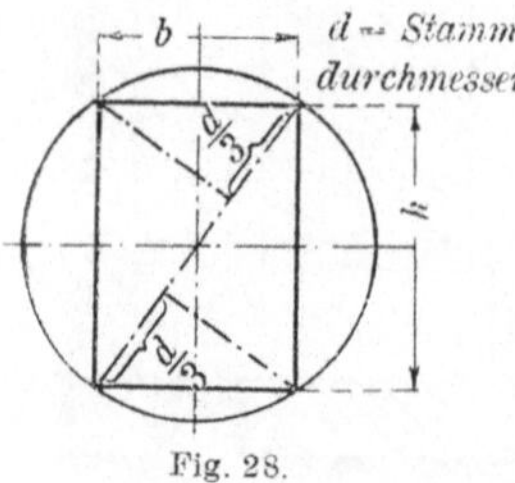

Fig. 28.

Die Anordnung einer **Geschoß- oder Zwischenbalkenlage** zeigt Fig. 29. Man unterscheidet dabei außer den gewöhnlichen Zwischenbalken *f* noch:

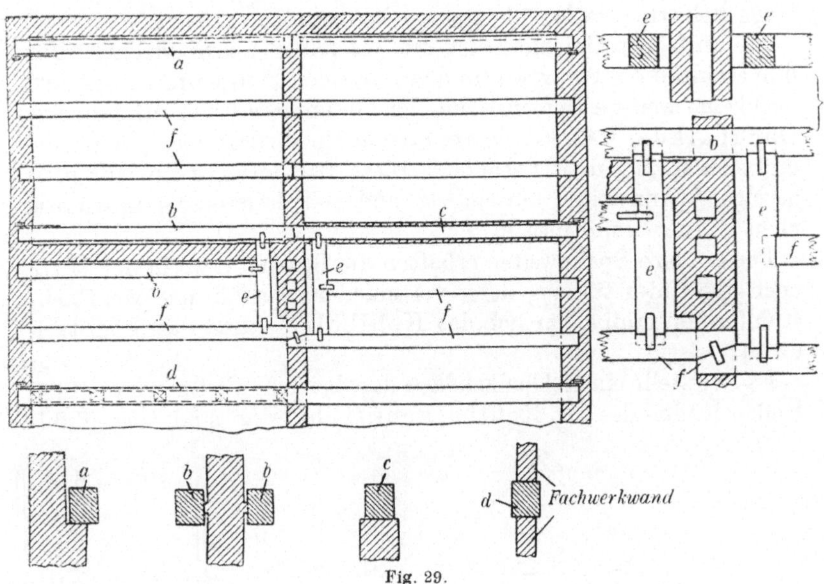

Fig. 29.

Ort- oder Giebelbalken (*a*), die an einer Außen- oder Giebelwand liegen.

Streichbalken (*b*), die an einer massiven, nach oben durchgehenden Zwischenwand liegen.

Wandbalken (*c*), die auf einer in der Balkenlage endenden massiven Wand liegen.

Bundbalken (*d*), die zwischen zwei Fachwerkwänden liegen.

Wechselbalken (*e*). Diese sind dann nötig, wenn die Hochführung eines Schornsteines od. dgl. die Auflage von Balken auf dem Mauerwerk verhindert. Die Wechselbalken werden zunächst selbst in je zwei durchgehende Balken eingezapft und nehmen dann wiederum durch Einzapfung die „ausgewechselten" Balken (in der Fig. 29 „*b*" und „*f*") auf.

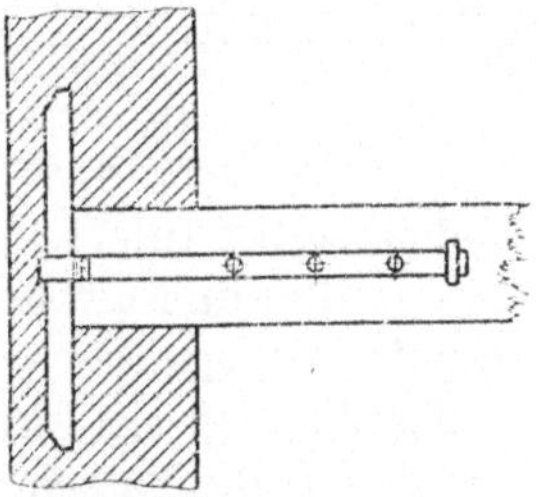

Fig. 30.

Zur Versteifung der Mauern gegeneinander ist etwa der vierte Teil aller Deckenbalken mit Ankern versehen, die aus Flacheisen und Splint bestehen und an die Balken angeschraubt sind (Fig. 29 u. 30).

B. Dachstühle.

Die Dachformen werden erst später im Abschnitt „Eisenkonstruktionen“ besprochen; an dieser Stelle sollen nur einige einfache hölzerne Dachstühle beschrieben werden.

Die einfachste Dachform ist die des **reinen Sparrendaches.** Bei ihm erhalten die Sparren (in den folgenden Figuren mit *s* bezeichnet) keine weitere Unterstützung als am unteren Ende auf dem sog. Dachbalken, während sie am oberen Ende zusammengefügt sind und sich so gegenseitig stützen. Diese Dachform ist nur für ganz geringe Spannweiten anwendbar und soll deshalb als unwichtig nicht weiter besprochen werden.

Für größere Spannweiten erhalten die Sparren etwa in der Mitte noch eine Unterstützung, deren verschiedene Ausführung zwei Dachstuhlformen ergibt, nämlich das Kehlbalken- und das Pfettendach.

Fig. 31 stellt ein **Kehlbalkendach** dar, bei dem die Sparren an den beiden Enden des sog. Kehlbalkens (*k*) befestigt sind. Der Kehl-

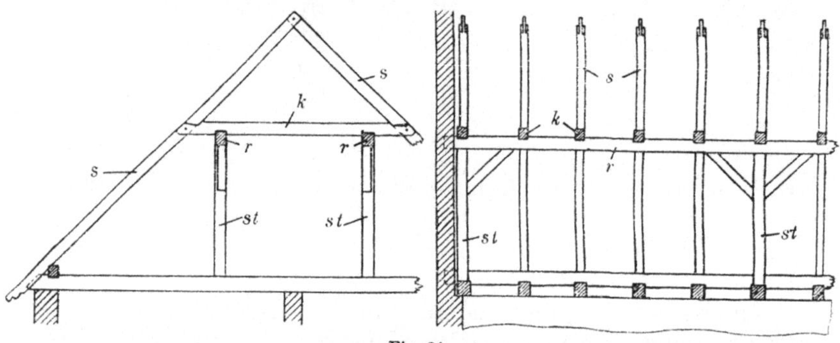

Fig. 31.

balken selbst ruht auf den sog. Rähmen (*r*), die parallel zur Firstlinie laufen und auf den Stielen (*st*), auch Dachstuhlsäulen genannt, aufliegen.

Fig. 32 zeigt ein **Pfettendach,** bei welchem die Sparren sich direkt auf den Rähmbalken, hier Pfette (*p*) genannt, stützen.

In den Fig. 33 und 34 ist in größerem Maßstabe die Verbindung des Rähms bzw. der Pfette sowohl mit dem Sparren (Fig. 33*a* und 34*a*), als auch mit der Dachstuhlsäule (Fig. 33*b* und 34*b*) gezeigt.

Aus den Fig. 31 und 32 (Seitenansicht) ist zu erkennen, daß beim Kehlbalkendache für **jedes** Sparrenpaar ein Kehlbalken erforderlich ist im Gegensatze zum Pfettendache. Hier werden nur die zwei den Pfettenbalken tragenden Stuhlsäulen durch je zwei „Zangen“ (*z*), deren Enden in die zugehörigen Sparren eingelassen sind, miteinander verbunden. Da hier an Stelle von 5 ÷ 6 Kehlbalken immer nur ein Zangenpaar tritt, so wird erheblich an

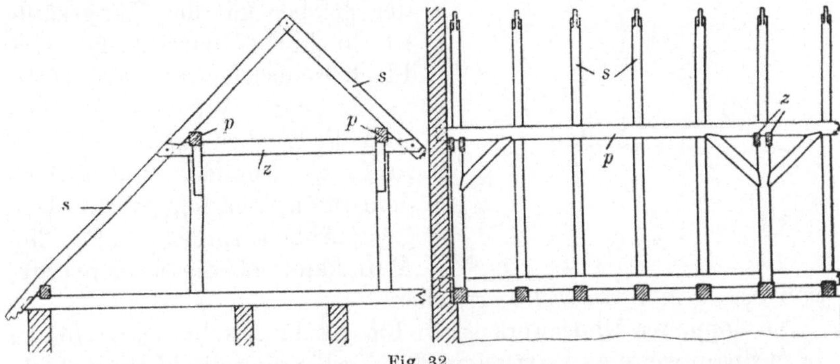

Fig. 32.

Holz gespart, dagegen ist beim Kehlbalkendache die Möglichkeit gegeben, die Kehlbalkenlage als Decke auszubilden, sodaß der Dachraum noch zu Boden- oder Wohnzwecken benutzt werden kann.

C. Hänge- und Sprengwerke.

Soll bei einem nur an den beiden Enden aufliegenden, stark belasteten Balken dessen Tragfähigkeit erhöht werden, so kann dies durch Anwendung eines sog. **Hängewerkes** geschehen. Bei diesem wird der Balken in einem oder mehreren Punkten an einer über ihm befindlichen Holzkonstruktion aufgehängt, welche die Belastung auf die aufgelagerten Endpunkte des Balkens überträgt.

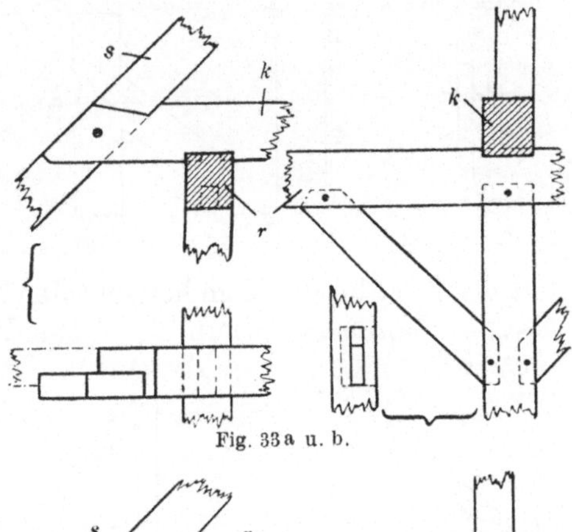

Fig. 33 a u. b.

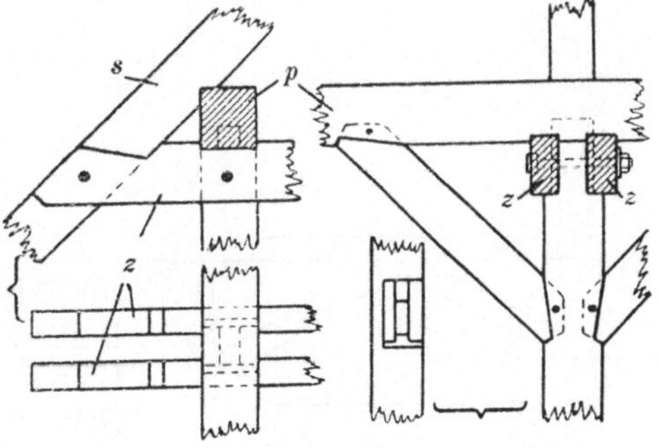

Fig. 34 a u. b.

Fig. 35 zeigt ein **einfaches Hängewerk,** bei dem der Balken nur in einem Punkte an der „Hängesäule" aufgehängt ist. Zwei seitliche Streben übertragen die Balkenlast auf die beiden Auflager. Die Beanspruchung der einzelnen Teile ist durch

Pfeile angegeben. Die Aufhängung des Balkens an der Hängesäule
geschieht durch Hängeeisen, wie Fig. 36 zeigt. Die Verbindung
der Streben mit der Hängesäule
ist in Fig. 37 dargestellt; eine
Flacheisenlasche sichert die Holz-
verbindung. Mit dem Balken
sind die Streben durch eine Ver-
zapfung verbunden und außerdem durch einen Schraubenbolzen
gegen Abheben gesichert (Fig. 38).
Man kann mit dieser Konstruktion bis 10 m Spannweite erreichen.

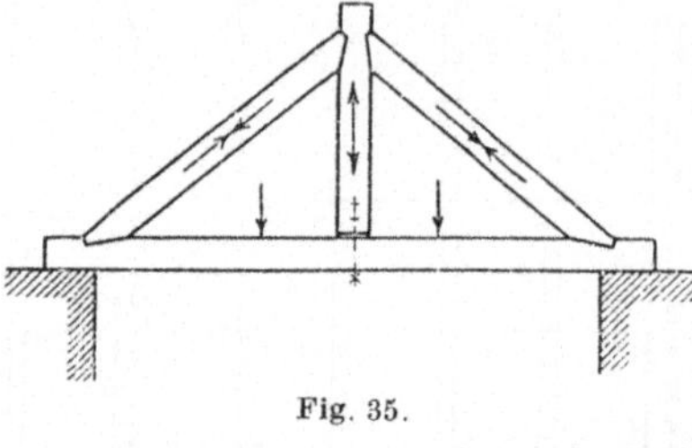

Fig. 35.

Ein **doppeltes Hängewerk** ist in Fig. 39 dargestellt; es ist bis zu
14 m Spannweite zu verwenden. Die Verbindung der Hängesäule

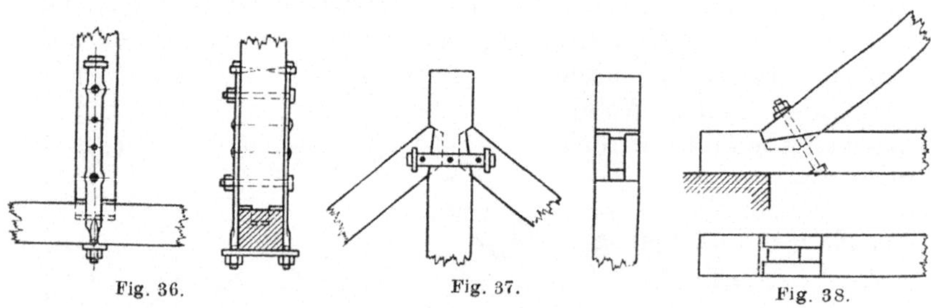

Fig. 36.　　　　　　　　Fig. 37.　　　　　　　　Fig. 38.

mit der Strebe und dem horizontalen Spannriegel zeigt Fig. 40;
eiserne Klammern sichern die Verbindung.

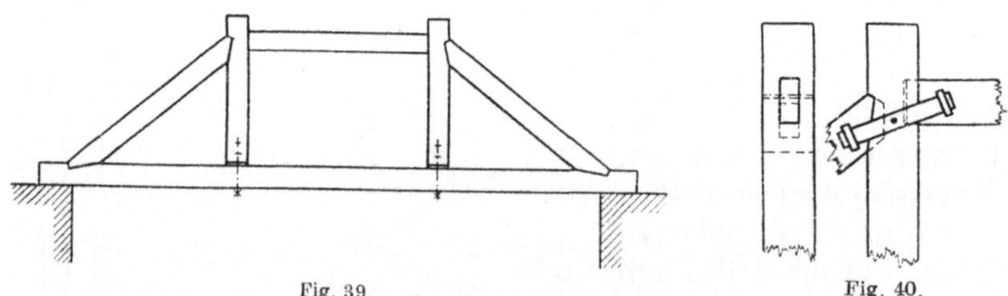

Fig. 39.　　　　　　　　　　　　　Fig. 40.

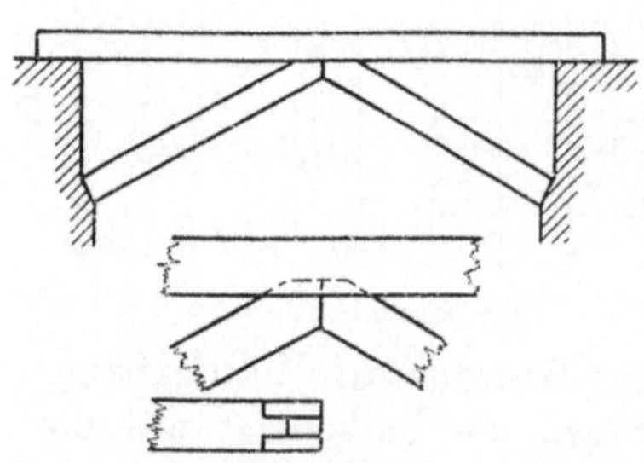

Fig. 41 u. 42.

Eine andere Konstruktion, die
zur Erhöhung der Tragfähigkeit von
Balken dient, ist das **Sprengwerk**.
Dieses ist verwendbar, wenn der
Raum für die Aufhängung über dem
Balken fehlt, hingegen unter ihm
genügend Platz ist. Fig. 41 zeigt
ein **einfaches Sprengwerk**; auch bei
diesem wird die Wirkung der Balken-

belastung auf seitliche feste Auflager übertragen. Die Verbindung der Streben mit dem Balken zeigt Fig. 42. Besser ist das in Fig. 43

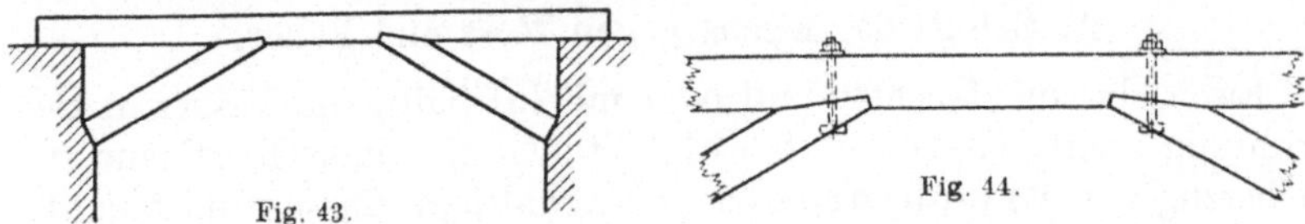

Fig. 43.

Fig. 44.

dargestellte Sprengwerk, da bei ihm der Balken in zwei Punkten unterstützt ist. Fig. 44 zeigt die Art der Verbindung zwischen Streben und Balken.

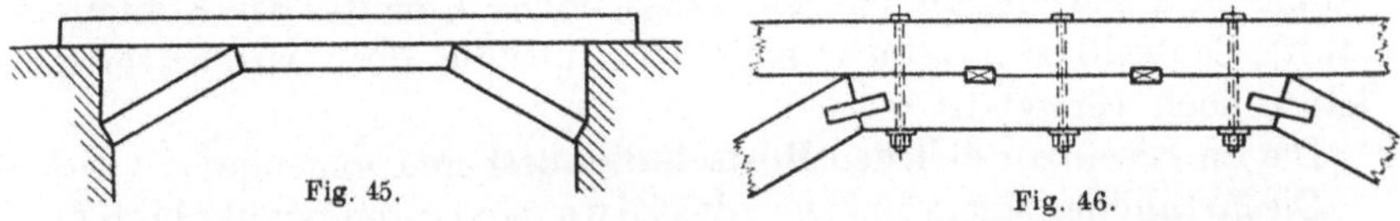

Fig. 45.

Fig. 46.

Auch die in Fig. 45 und 46 gezeigte Ausführung eines einfachen Sprengwerkes ist sehr zweckmäßig. Die Stützung des Balkens er-folgt hier auf einer länge-ren Strecke. Durch die Verbindung mit Hartholz-dübeln und Schrauben-bolzen (Fig. 46) wird das

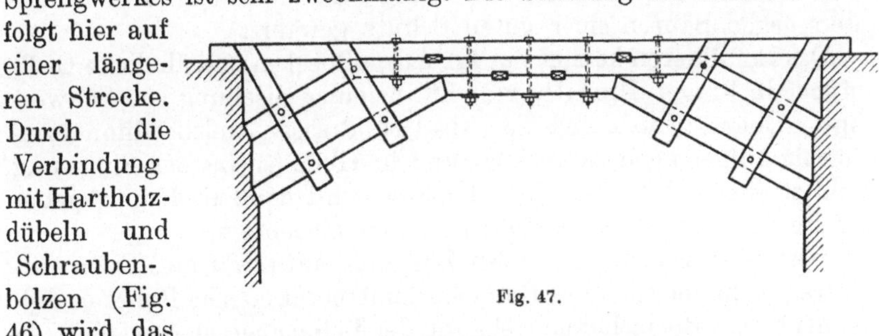

Fig. 47.

Mittelstück derartig verstärkt, daß es wie ein Balken von doppelter Höhe wirkt. Dieses Sprengwerk ist daher für größere Spannweiten brauchbar, als das in Fig. 43 dargestellte. Durch Anordnung mehrerer derartiger Sprengwerke übereinander kann man Spann-weiten bis zu 30 m erreichen (Fig. 47).

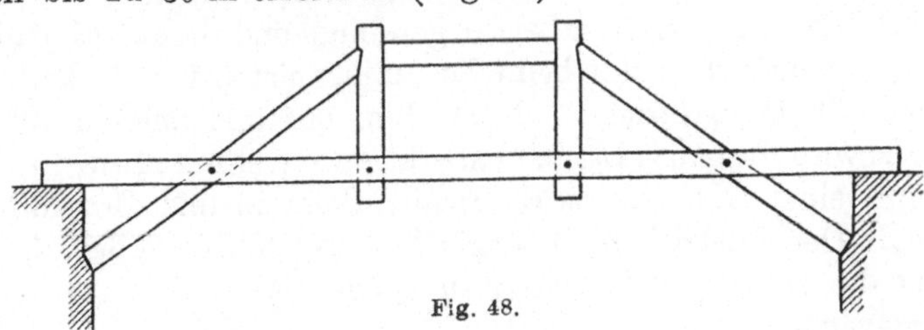

Fig. 48.

In Fig. 48 ist noch die **Vereinigung eines doppelten Hängewerks mit einem Sprengwerk** gezeigt, die öfters bei Dachstühlen und auch kleinen Holzbrücken Verwendung findet.

V. Eisenkonstruktionen.

A. Schutz des Eisens gegen Rost und Feuer.

Eisen, das mit feuchter Luft oder mit lufthaltigem Wasser in Berührung steht, rostet, d. h. es bildet sich an seiner Oberfläche ein Überzug von Eisenhydroxyd. Säurehaltiges Wasser und feuchte säurehaltige Luft befördern stark die Rostbildung. In völlig trockener Luft und ganz luftfreiem Wasser bleibt Eisen ständig blank.

Von allen Eisensorten rostet unter gleichen Verhältnissen das Gußeisen am wenigsten (wegen seines hohen Gehaltes an Kohlenstoff); Schweißeisen rostet weniger als Flußstahl, doch wird ersteres kaum noch verwendet.[1])

Die im Eisenbau üblichen **Rostschutzmittel** sind folgende:

Die **Metallüberzüge,** von denen das Zink den besten Schutz bietet, werden namentlich für Bleche viel angewendet. Das Verzinnen von Eisenblech (Weißblech) ist weniger gut, während Blei besonders gegen Säuren einen guten Schutz gewährt.

Das **Emaillieren** kommt nur für Ausgußbecken und ähnliche Gußstücke in Frage. Emaille besteht aus einer Mischung von Schwerspat, Quarz, Borax und Ton als Grundmasse, welche dünn breiförmig aufgetragen, getrocknet und in Glühöfen bis zur Sinterung erhitzt wird. Auf diese Grundemaille wird dann noch in gleicher Weise die Farbemaille aufgebracht und eingebrannt.

Teer oder **Asphalt,** im heißen Zustande auf erwärmtes Eisen aufgetragen, bildet ein gutes Rostschutzmittel für eiserne Rohre u. dgl.

Als bestes Rostschutzmittel kann der **Beton** angesehen werden, da er nicht nur das Eisen gegen Rost schützt, sondern sogar dünne Rostschichten in sich aufnimmt und deren Weiterfressen im Eisen verhindert. Kann man das Eisen nicht in Beton einlegen, so genügt auch ein mehrfacher Anstrich von reinem Zementbrei.

Eisenkonstruktionen werden in der Werkstatt möglichst sauber mit Stahlbürsten oder Schabeisen gereinigt und darauf diejenigen Stellen, welche sich später beim Zusammennieten überdecken, mit Mennige (Pb_3O_4) gestrichen. Nach dem Zusammennieten auf der Baustelle wird die ganze Eisenkonstruktion zuerst mit Mennige und dann mit einer Ölfarbe (z. B. Firnis, Bleiweiß und Graphit) gestrichen. Der Anstrich muß sorgfältig ausgeführt werden, besonders ist die Bildung von Blasen zu vermeiden.

---

1) Nach den amtlichen Vorschriften vom 25. Februar 1925 (s. Fußnote S. 1) ist der bisher „Flußeisen" genannte Baustoff künftig als „Flußstahl" zu bezeichnen. Außerdem ist die Bezeichnung „hochwertiger Baustahl" neu eingeführt.

Eisenkonstruktionen mit Ölfarbeanstrichen müssen in bestimmten Zeiträumen (etwa alle 3 ÷ 4 Jahre) neu gestrichen werden, nachdem mit Drahtbürste oder Schaber die rostigen Stellen aufgedeckt, gut gereinigt und mit Mennige überstrichen sind.

Dem Feuer gegenüber zeigt sich ungeschütztes Eisen wenig widerstandsfähig; namentlich das Walzeisen mit seinen geringen Wandstärken verliert bei größeren Bränden oft in ganz kurzer Zeit die erforderliche Tragfähigkeit. Gußeisen hält sich zwar besser im Feuer, hat aber den Nachteil, daß es bei gleicher Tragfähigkeit schwerere Konstruktionen ergibt und trotzdem weniger zuverlässig als Walzeisen ist. Es ist deshalb am zweckmäßigsten, Walzeisen zu verwenden und es gegen die Einwirkung des Feuers zu schützen.

Als **Feuerschutzmittel** sind zu nennen:

Die Ummantelung mit Holz. Das Holz ist zwar selbst brennbar, doch schützt es als schlechter Wärmeleiter das darunter liegende Eisen längere Zeit vor zu starker Erwärmung, namentlich wenn man schwer brennbare Holzarten verwendet, wenn man die Ummantelung mit einem „feuersicheren" Silikatanstrich versieht oder imprägniert.

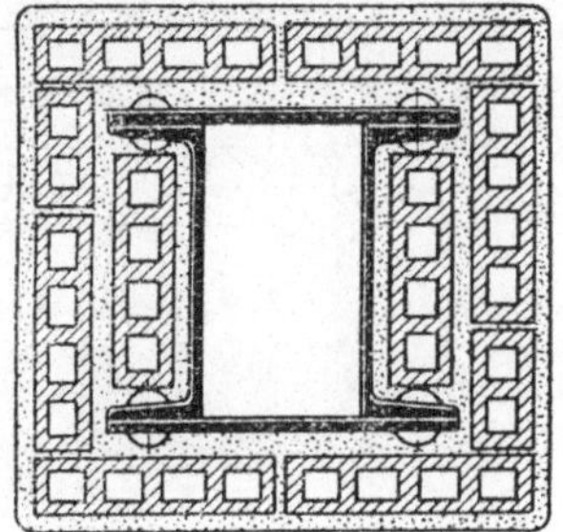

Fig. 49.

Die Ummantelung mit Ziegeln oder Schwemmsteinen bildet einen leicht herstellbaren, wirksamen Feuerschutz. Vorteilhaft ist die Verwendung von Hohlsteinen, sowohl wegen des geringen Gewichtes, als auch deshalb, weil die eingeschlossene Luft einen schlechten Wärmeleiter bildet. Fig. 49 zeigt im Querschnitt eine aus Walzeisen genietete Säule, welche durch Hohlsteine in Zementmörtel geschützt ist.

Die Ummantelung mit Korkstein. Dieser besteht aus Korkstückchen mit mineralischen Bindemitteln und ist nur schwer verbrennbar. Er wird in normalem Ziegelformat, als Radialstein und in Plattenform hergestellt und eignet sich ebensogut zum Schutze von Säulen, wie von eisernen Träger-Unterzügen. In Fig. 50 ist z. B.

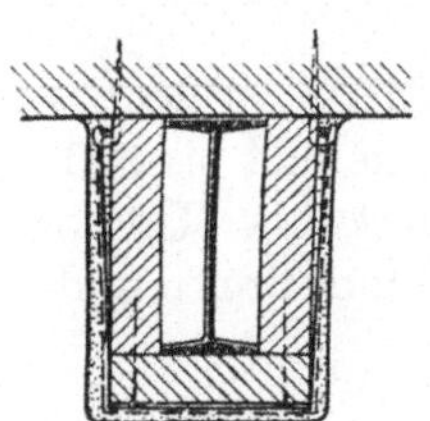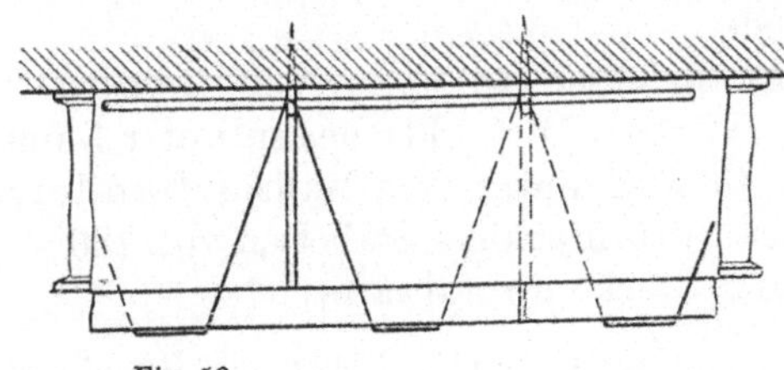

Fig. 50.

die Ummantelung eines freiliegenden I-Trägers dargestellt. Die Korkplatten werden durch Draht zusammengehalten; den äußeren Abschluß bildet ein Zementverputz. Ähnlich dieser ist auch die Ummantelung mit Kunsttuffstein.

Die Ummantelung mit Stampfbeton bietet einen vollkommenen Feuerschutz, vorausgesetzt, daß die Betonschicht stark genug (etwa 8 cm) ist, wobei aber die ganze Konstruktion sehr schwer wird. Man kommt etwa mit der halben Mantelstärke aus, wenn man dem Beton Eiseneinlagen gibt. Einen ähnlichen Schutz kann man auch mit Hilfe der sog. Drahtziegel herstellen.

Neben den oben genannten gibt es noch eine große Anzahl von Feuerschutzmitteln, die unter verschiedenen Namen in den Handel gebracht werden. Solche sind z. B.:

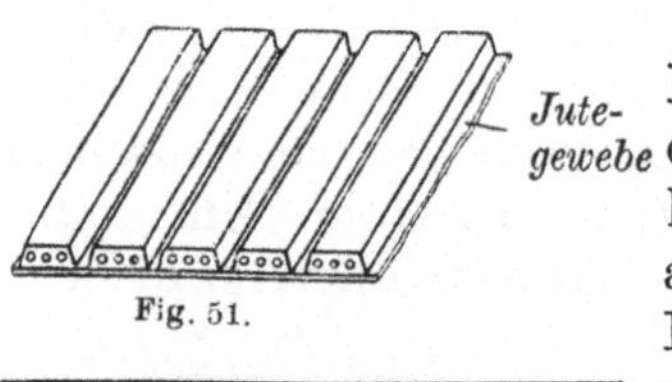

Fig. 51.

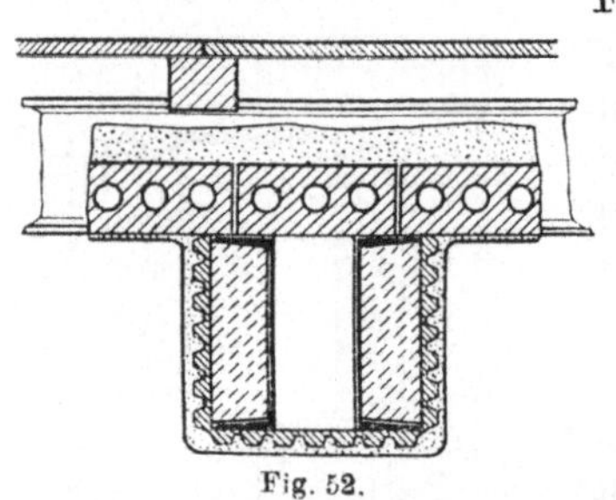
Fig. 52.

Macks Feuerschutzmantel (Fig. 51). Er besteht in der Hauptsache aus Gipsdielen, die auf ein Jutegewebe aufgeklebt sind und läßt sich bequem an allen Querschnittsformen anbringen. Fig. 52 zeigt z. B. eine Macksche Gipsdielendecke mit geschütztem Unterzug. Auch hier bildet ein Zementverputz den Abschluß.

Die Ummantelung der „Deutschen Feuertrotz-Gesellschaft", wie auch die Asbest-Feuerschutzmasse **„Plutonit"** haben als Besonderheit eine Schicht. die bei Bränden sintert und sich dadurch in eine feste Masse verwandelt.[1]

B. Die im Bauwesen verwendeten Eisensorten.

Das Eisen findet im Hochbau, namentlich als Walzeisen (Flußstahl) eine immer größer werdende Verbreitung. Es tritt an vielen Stellen für die Holzkonstruktionen ein, die es bei zweckmäßiger Behandlung an Dauerhaftigkeit und Zuverlässigkeit, ferner durch geringeren Raumbedarf bei gleicher Tragfähigkeit übertrifft.

Die im Bauwesen hauptsächlich verwendeten **Walzeisen** sind folgende:

a) Stabeisen in Form von Rund-, Quadrat-, Flach- und Universaleisen. Flacheisen unter 5 mm Stärke und bis 250 mm Breite wird unter dem Namen Bandeisen verkauft. Universaleisen ist rechteckiges Stabeisen von 180 ÷ 1000 mm Breite und von 5 mm Stärke an aufwärts.

---

1) Näheres s. „Hagn, Schutz von Eisenkonstruktionen gegen Feuer".

b) Formeisen. Hierzu zählen ⨂-Eisen, gleichschenklig und ungleichschenklig; T-Eisen, hochstegig und breitflanschig; I-Eisen, Normalprofile oder breitflanschige (Differdinger-Träger); ⊏-Eisen; ⌐-Eisen; Quadrant(◟)-Eisen; Belag(∿)-Eisen; Handleisteneisen; Fenster- oder Sprosseneisen, ein- oder doppelseitig und Ziereisen.

c) Bleche werden in folgende Hauptgruppen geteilt:

Glatte Bleche. Bis 4,5 mm Dicke heißen sie Fein- oder Sturzbleche und dienen zum Verkleiden. Von 5 mm Dicke an führen sie die Bezeichnung Grobbleche und finden für Blechträger, Knotenbleche u. dgl. Verwendung.

Buckelplatten zum Belegen von Brücken u. dgl. rechteckig oder trapezförmig mit allseitigem ebenen Rande.

Tonnenbleche mit nur längsseitigen ebenen Rändern für die gleichen Zwecke.

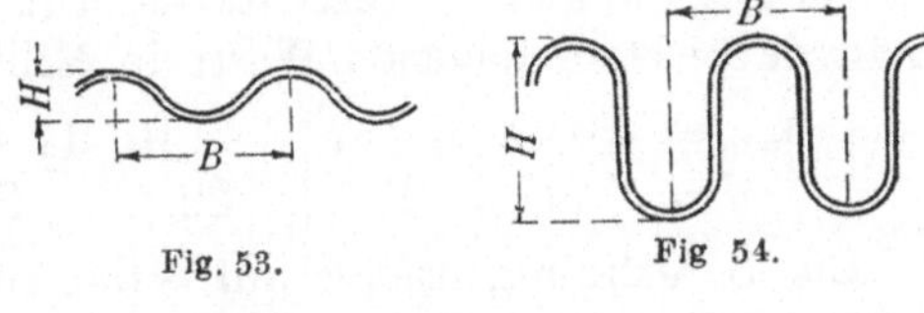

Fig. 53.   Fig 54.

Riffelbleche zum Abdecken von Kanälen u. dgl.

Wellblech, und zwar flaches Wellblech ($B > 2H$, Fig. 53) und Trägerwellblech ($B \leq 2H$, Fig. 54).

C. Verbindungsmittel.

Das bei weitem häufigste Verbindungsmittel bei Eisenkonstruktionen ist die **Vernietung,** welche durch die **Verschraubung** ersetzt wird, wenn die Verbindung der Eisenteile beweglich oder lösbar sein soll, oder wenn zum Nieten nicht der nötige Raum vorhanden ist. Auch bei Verbindungen an Gußeisen ist die Verschraubung vorzuziehen, da Gußeisen die beim Nieten unvermeidlichen Erschütterungen und die entstehenden Spannungen nicht zuverlässig aushält. In seltenen Fällen kommen auch **Keilverbindungen** zur Anwendung.

Die Nietlöcher können in die Bleche entweder gestanzt oder gebohrt werden. Ersteres ist billiger, aber für stärkere Bleche unzulässig, da beim Stanzen der Flußstahlbleche an den Mantelflächen der Nietlöcher feine Risse entstehen, weshalb bei sorgfältiger Ausführung nur gebohrt werden sollte. Allenfalls ist ein Stanzen mit nachfolgendem Aufreiben des Loches gestattet.

Beim Nieten werden die einzelnen Teile durch Schraubenbolzen zusammengehalten, die Nietlöcher werden auf genaues Zusammenpassen hin untersucht und nötigenfalls mit der Reibahle oder mittels Durchtreiben eines Stahldornes nachgearbeitet. An Stelle der Handnietung wird viel auf der Baustelle die bequeme Preßluftnietung verwendet, sofern es sich lohnt, eine Kompressoranlage zu errichten. Nietpressen kommen hingegen nur in der Werkstatt zur Anwendung.

Berechnung der Nietverbindungen.

Man geht bei der Berechnung der Nietverbindungen vom Nietdurchmesser d aus und berechnet die Anzahl i der erforderlichen Niete.

Den Nietdurchmesser d entnimmt man aus Tabellen oder man berechnet ihn nach der Formel:

$$d = \sqrt{5\,\delta_{\min}} - 0{,}2 \text{ (cm)},$$

worin $\delta_{\min}$ die kleinste Blechstärke in Zentimeter bedeutet. Man erhält dabei etwa folgende Werte in Millimeter:

$\delta_{\min} =$	$4 \div 5$	$6 \div 7$	$8 \div 10$	$11 \div 13$	14 und darüber
$d =$	14	17	20	23	26

Die Berechnung erfolgt auf **Abscheren** und **Lochleibungsdruck**. Zuerst stellt man fest, welche Kraft ein Nietschaft vom Durchmesser d übertragen kann.

Auf **Abscheren** gilt:

$$\text{Bei einschnittiger Nietung: } N_I = \frac{d^2\,\pi}{4} \cdot k_s.$$

$$\text{Bei zweischnittiger Nietung: } N_{II} = 2 \cdot \frac{d^2\,\pi}{4} \cdot k_s.$$

Hierbei ist zu setzen:

$k_s = 1000$ kg/qcm bei Flußstahl St. 37,

$k_s = 1300$,,   ,, hochwertigem Baustahl St. 48.

Auf **Lochleibungsdruck** berechnet man die Nietkraft nach der Formel:

$$N_l = s_{\min} \cdot d \cdot k_l,$$

worin $s_{\min}$ die geringste in Frage kommende Blechstärke bedeutet und ferner zu setzen ist:

$k_l = 2000$ kg/qcm bei Flußstahl St. 37,

$k_l = 2600$,,   ,, hochwertigem Baustahl St. 48.

Die **Anzahl** i der erforderlichen Niete erhält man aus:

$$i = \frac{P}{N_{\min}},$$

worin P die an der Nietverbindung angreifende **Gesamtkraft** und $N_{\min}$ die **kleinste Nietkraft** bedeutet.

Die **folgenden Tabellen** enthalten eine **Zusammenstellung der Nietkräfte** für die gebräuchlichsten Nietdurchmesser und Blechstärken, und zwar:

Tabelle 1 für $k_s = 1000$ kg/qcm, $k_l = 2000$ kg/qcm (Flußstahl St. 37),

Tabelle 2 für $k_s = 1300$ kg/qcm, $k_l = 2600$ kg/qcm (hochwertiger Baustahl St. 48).

Die Nietdurchmesser und Blechstärken sind in Millimeter, die Nietkräfte in Tonnen angegeben.

Tabelle 1.

Niet-durch-messer d	Nietkraft		Nietkraft N_l bei s_{min}										
	N_I	N_{II}	7	8	9	10	11	12	13	14	15	16	18
14	1,54	3,08	1,96	2,24	2,52	2,80	3,08	3,36	3,64	3,92	4,20	4,48	
17	2,26	4,52	2,38	2,72	3,06	3,40	3,74	4,08	4,42	4,76	5,10	5,44	6,12
20	3,14	6,28	2,80	3,20	3,60	4,00	4,40	4,80	5,20	5,60	6,00	6,40	7,20
23	4,15	8,30	3,22	3,68	4,14	4,60	5.06	5,52	5,98	6,44	6,90	7,36	8,28
26	5,31	10,62	3,64	4,16	4,68	5,20	5,72	6,24	6,76	7,28	7,80	8,32	9,36

Tabelle 2.

Niet-durch-messer d	Nietkraft		Nietkraft N_l bei s_{min}										
	N_I	N_{II}	7	8	9	10	11	12	13	14	15	16	18
14	2,00	4,00	2,54	2,91	3,28	3,64	4,00	4,37	4,73	5,10	5,46	5,82	6,55
17	2,95	5,90	3,09	3,54	3,98	4,42	4,86	5,30	5,75	6,18	6,63	7,07	7,95
20	4,08	8,16	3,54	4,16	4,68	5,20	5,72	6,24	6,76	7,28	7,80	8,32	9,36
23	5,40	10,80	4,18	4,78	5,38	5,98	6,57	7,17	7,78	8,36	8,97	9,56	10,76
26	6,90	13,80	4,73	5,41	6,08	6,76	7,43	8,11	8,78	9,46	10,14	10,81	12,15

Aufgabe 1. An ein Knotenblech von 12 mm Stärke sind 2 $\angle$-Eisen $80 \times 80 \times 8$ durch Niete von $d = 20$ mm Durchmesser anzuschließen. Die $\angle$-Eisen sollen eine Zugkraft $P = 19\,000$ kg übertragen. $k_s = 1000$ kg/qcm, $k_l = 2000$ kg/qcm. Die Anzahl i der erforderlichen Niete ist zu berechnen (Fig. 55).

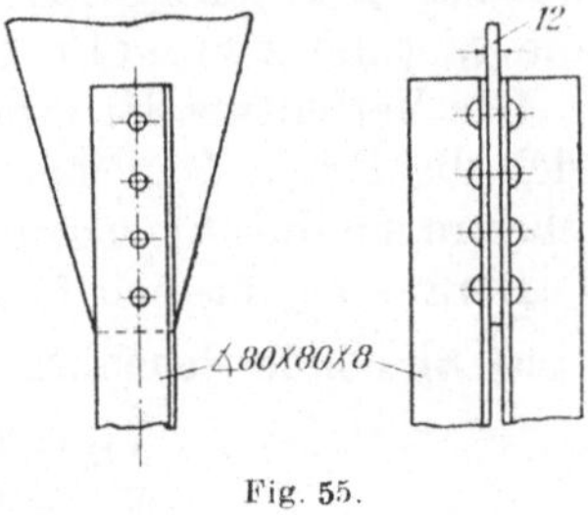

Fig. 55.

Die Nietung ist zweischnittig, also die Nietkraft auf Abscheren nach Tabelle 1:

$$N_{II} = 6280 \text{ kg.}$$

Bei der Berechnung auf Lochleibungsdruck ist die kleinste Blechstärke s_{min} zu nehmen. Es stehen $2 \times 8 = 16$ mm Blechstärke der $\angle$-Eisen der Blechstärke des Knotenbleches $= 12$ mm gegenüber, also: $\qquad s_{min} = 12$ mm $= 1,2$ cm.

Die Nietkraft N_l wird also:

$$N_l = d \cdot s_{min} \cdot k_l$$
$$N_l = 2 \cdot 1.2 \cdot 2000 = 4800 \text{ kg.}$$

Die erforderliche Anzahl i der Niete ist:

$$i = \frac{P}{N_{min}} = \frac{19000}{4800} > 3.$$

Es müssen daher vier Niete von 20 mm Durchmesser vorhanden sein.

Aufgabe 2. Ein aus 2 ⊥-Eisen 80 × 160 × 12 bestehender Stab eines Gitterträgers ist mit $P = 48$ t auf Zug belastet. Da die ⊥-Eisen nicht in der erforderlichen Länge lieferbar sind, muß eine Stoßverbindung hergestellt werden. Es geschieht (nach Fig. 56) durch

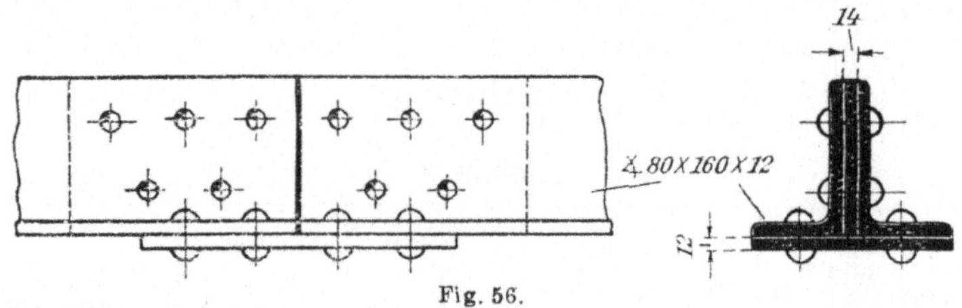

Fig. 56.

ein Flacheisen von 14 mm Stärke zwischen den stehenden und ein Flacheisen von 12 mm Stärke unter den liegenden Schenkeln. Nietdurchmesser 23 mm, $k_s = 1000$ kg/qcm, $k_l = 2000$ kg/qcm. Die erforderliche Anzahl der Niete ist zu berechnen.

Die Berechnung muß für die stehenden und liegenden Schenkel des ⊥-Eisens gesondert durchgeführt werden, da bei ersteren die Nietung zweischnittig, bei letzteren einschnittig ist.

Das Verhältnis der Schenkellängen ist 1 : 2. Nimmt man an, daß sich die Kraft P gleichmäßig über den Querschnitt verteilt, dann übertragen die stehenden Schenkel 32 t, die liegenden Schenkel 16 t.

Daraus ergibt sich folgende Berechnung:

a) Stehende Schenkel:

$$N_{II} = 8300 \text{ kg}$$
$$N_l = 2,3 \cdot 1,4 \cdot 2000 = 6440 \text{ kg}$$
$$i = \frac{32000}{6440} > 4.$$

Es sind je fünf Niete rechts und links vom Stoß erforderlich.

b) Liegende Schenkel:

$$N_I = 4150 \text{ kg}$$
$$N_l = 2,3 \cdot 1,2 \cdot 2000 = 5520 \text{ kg}$$
$$i = \frac{16000}{4150} > 3.$$

Es werden je vier Niete, auf die beiden liegenden Schenkel verteilt, ausgeführt.

Soll die Verbindung lösbar sein oder sind Nieten aus anderen Gründen nicht verwendbar, so nimmt man **Schrauben** statt Nieten. Die Berechnung ist die gleiche, nur ist einzusetzen:

$k_s = 800$ kg/qcm, $k_l = 1600$ kg/qcm für Flußstahl St. 37,
$k_s = 1040$,, , $k_l = 2080$,,   ,,hochwertigen Baustahl St. 48.

Werden auf einer Konstruktionszeichnung mehrere Nietstärken verwendet, so ist es zweckmäßig, diese durch Sinnbilder nach DINORM 139 zu kennzeichnen. Bei Zeichnungen im Maßstab 1:1 bis 1:5 wird der Schaftdurchmesser, bei kleineren Maßstäben der Kopfdurchmesser eingezeichnet.

Für die **Verteilung der Niete** gelten folgende Regeln:
Die Entfernung von Mitte bis Mitte Niet (Nietteilung t) in Richtung der Kraft soll betragen (Fig. 57):

mindestens $t = 2{,}5d$
normal $t = 3d$
höchstens $t = 7d$

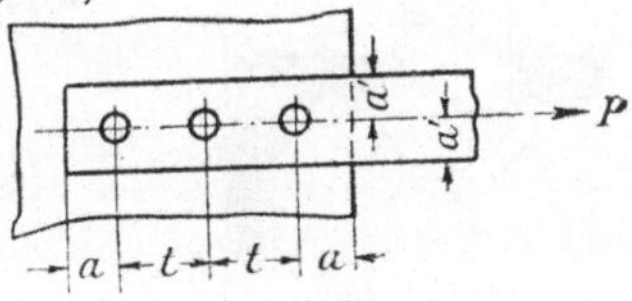

Bei Heftnietungen geht man über diese Maße hinaus. Es kann betragen

Fig. 57.

bei auf Druck beanspruchten Nietungen:
$$t \text{ bis } 10d$$

bei auf Zug beanspruchten Nietungen:
$$t \text{ bis } 15d.$$

Der Abstand des äußersten Nietes vom Rande beträgt in Richtung der Kraft:
$$a = 1{,}5 \div 2{,}5d$$
normal $a = 1{,}8d;$

senkrecht zur Kraftrichtung:
$$a' = 1{,}5d$$
höchstens $a' = 3d.$

Bei zweireihigen Nietungen, die z. B. bei ⋉-Eisen von 100×100 an ausführbar sind, wird t als kleinster Abstand zwischen zwei Nieten gemessen (Fig. 58).

Bei der Nietung von Profileisen ist der Abstand der Nietmittellinie (Nietrißlinie) von der Profileisenkante festzustellen. Dieser Abstand, das **Wurzelmaß** w, beträgt für ⋉-Eisen (Fig. 59):
$$w = s + r + 0{,}75d + 3 \div 5 \text{ mm.}$$

Liegen in einem Querschnitt Niete in beiden Schenkeln, so ist, um die Nietung ausführen zu können, auf Innehaltung des y-Maßes (Fig. 60) zu achten, und zwar muß sein:

$$y_{\min} = 0,8d + 5 \text{ mm}.$$

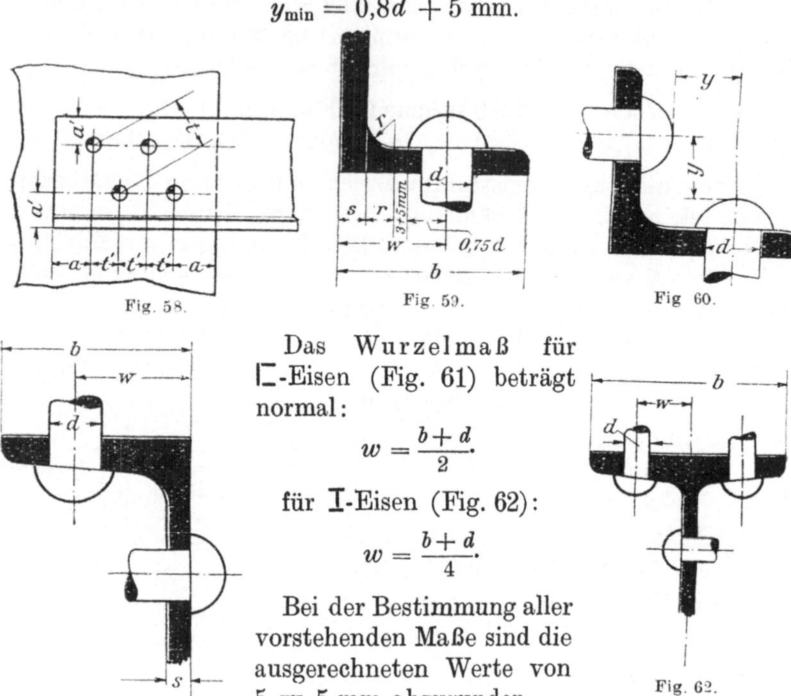

Fig. 58.   Fig. 59.   Fig 60.

Das Wurzelmaß für ⌐-Eisen (Fig. 61) beträgt normal:

$$w = \frac{b + d}{2}.$$

für I-Eisen (Fig. 62):

$$w = \frac{b + d}{4}.$$

Bei der Bestimmung aller vorstehenden Maße sind die ausgerechneten Werte von 5 zu 5 mm abzurunden.

Fig. 61.   Fig. 62.

Träger.

Als Träger für Decken, für Unterzüge unter Deckenträgern und für alle ähnlichen Zwecke werden vorwiegend I-Träger verwendet. Ergibt die Berechnung ein Widerstandsmoment, für das gewöhnliche I-Träger nicht mehr vorhanden sind, so kann man die breitflanschigen Differdinger I-Träger nehmen. Oft kann man auch zwei Träger nebeneinander verlegen, muß sie dann aber durch gußeiserne Paßstücke p (Fig. 63) oder zwischengenietete ⌐-Eisenstücke (Fig. 64) so verbinden, daß sie wie ein Profil wirken. Die Verbindungsstellen sind nicht in

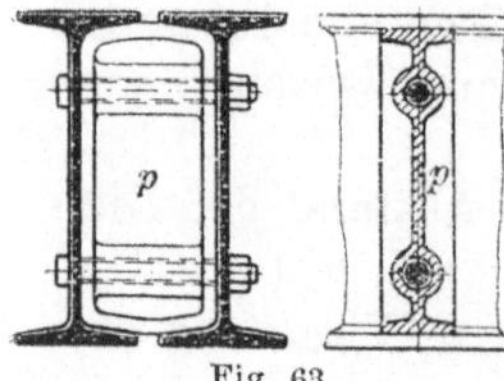

Fig. 63.

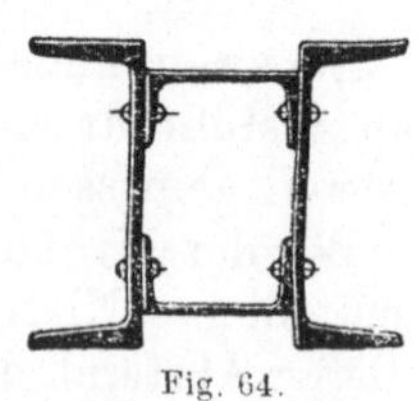

Fig. 64.

die Mitte des Trägers zu legen, um eine Schwächung des Profils durch Nietlöcher an der ungünstigsten Stelle zu vermeiden. Genügt auch das Nebeneinanderlegen von Walzeisen nicht, so muß man genietete Träger verwenden.

Der **Gang der Berechnung** für einen statisch bestimmten Träger ist folgender:

1. Ermittlung der Belastung.
2. Ermittlung der Auflagerdrücke.
3. Ermittlung von Lage und Größe des größten Biegungsmomentes.
4. Berechnung des erforderlichen Widerstandsmomentes und Wahl des Profils.
5. Berechnung der wirklich auftretenden größten Biegungsbeanspruchung σ_{max}.
6. Falls erforderlich: Berechnung der größten Durchbiegung.

Die Ermittlung von 2. und 3. kann auf graphischem und rechnerischem Wege erfolgen. Als Stützweite ist die Entfernung von Mitte bis Mitte Auflagerplatte einzusetzen.

Aufgabe 1. Bei der Vergrößerung eines Maschinenhauses muß im Erdgeschoß eine Mauer entfernt werden, während sie in den darüber liegenden Stockwerken bestehen bleibt. Die Mauer soll auf eine rechnerische Stützweite von 5,4 m durch Träger ersetzt werden, deren Höhe höchstens 400 mm betragen darf. Als Deckenbelastung ist im Dachgeschoß $q_1 = 400$ kg/qm, in dem ersten und zweiten Stockwerk $q_2 = 600$ kg/qm einzusetzen. $k_b = 1200$ kg/qcm (Fig. 65).

Die Trägerbelastung setzt sich aus Mauergewicht und Deckenlasten zusammen. Das Durchschnittsgewicht von 1 cbm Mauerwerk beträgt 1800 kg, also 1 cbm = 1,8 kg. Die freie Länge des Trägers zwischen dem Mauerwerk beträgt 5 m.

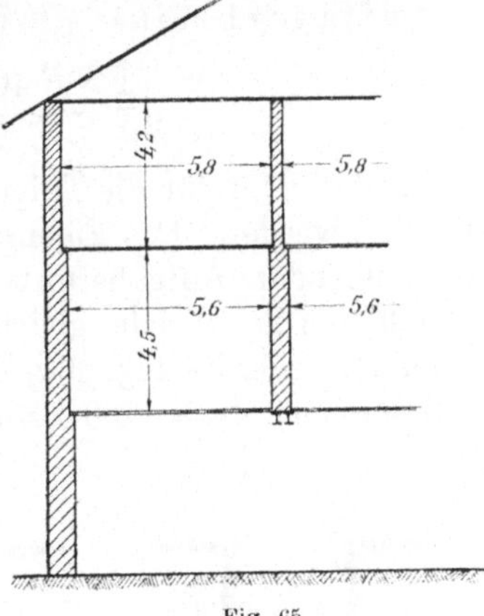

Fig. 65.

a) Mauergewicht:

2. Stockwerk	$50 \cdot 42 \cdot 2,5 \cdot 1,8 =$	9 450 kg
1. „	$50 \cdot 45 \cdot 3,8 \cdot 1,8 =$	15 390 „

b) Deckenlast:

Dachgeschoß	$6,05 \cdot 5,0 \cdot 400$	$= 12\,100$ „
2. Stockwerk	$5,80 \cdot 5,0 \cdot 600$	$= 17\,400$ „
1. „	$5,60 \cdot 5,0 \cdot 600$	$= 16\,800$ „

Gesamtbelastung $= 71\,140$ kg.

Für gleichmäßig verteilte Belastung ist:

$$M_b = \frac{Q \cdot l}{8} = \frac{71140 \cdot 540}{8}$$

$$M_b = 4801900 \text{ cm/kg}$$

Aus $M_b = W \cdot k_b$ erhält man das erforderliche Widerstands-moment:

$$W = \frac{M_b}{k_b} = \frac{4801900}{1200}$$

$$W = \sim 4000 \text{ cm}^3$$

Man kann wählen entweder:

$$3\,\mathrm{I}\,NP\,40 \text{ mit } 3 \cdot W_x = 3 \cdot 1461 = 4383 \text{ cm}^3.$$

Gewicht (für 5,4 m): $3 \cdot 5{,}4 \cdot 92{,}63 = \sim 1500$ kg.

$$\sigma_{\max} = \frac{4801900}{4383} = 1095 \text{ kg/qcm}$$

oder: 2 Differdinger $\mathrm{I}\,NP\,36\,B$ mit

$$2W_x = 2 \cdot 2360 = 4720 \text{ cm}^3.$$

Gewicht (für 5,4 m): $2 \cdot 5{,}4 \cdot 142{,}5 = 1540$ kg.

$$\sigma_{\max} = \frac{4801900}{4720} = 1020 \text{ kg/qcm}$$

Auflagerbreite:

$$\text{für } 3\,\mathrm{I}\,NP\,40 \ \ = 3 \cdot 155 = 465 \text{ mm,}$$
$$\text{,, } 2\,\mathrm{I}\,NP\,36\,B = 2 \cdot 300 = 600 \ \ \text{,, .}$$

Die Auflager für die Träger müssen auf Flächenpressung berechnet werden. Das Eigengewicht der Träger ist hier, wie auch bei der folgenden Aufgabe unberücksichtigt geblieben.

Aufgabe 2. Welche gleichmäßig verteilte Last kann ein Träger vom Querschnitt Fig. 66a, b, c bei 4,7 m rechnerischer Stützweite aufnehmen? $k_b = 1200$ kg/qcm.

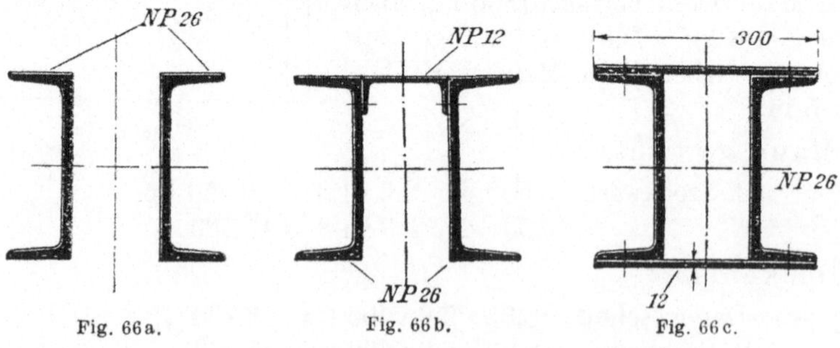

Fig. 66a.   Fig. 66b.   Fig. 66c.

a) $$M_b = W \cdot k_b = 2 \cdot 371 \cdot 1200.$$

Bei gleichmäßig verteilter Last ist $M_b = \dfrac{Q \cdot l}{8}$, also:

$$\frac{Q \cdot l}{8} = 742 \cdot 1200$$

$$Q = \frac{742 \cdot 1200 \cdot 8}{470}$$

$$Q = \sim 15\,200 \text{ kg}.$$

b) Durch das einseitige Annieten des ⊏-Eisens $NP\,12$ verschiebt sich der gemeinsame Schwerpunkt des Trägerprofils. Das Widerstandsmoment muß aber für den gemeinsamen Schwerpunkt berechnet werden, daher ist zuerst die neue Lage des Schwerpunktes zu bestimmen. Dies geschieht (Fig. 67) nach der Formel:

$$F \cdot x = \Sigma f \cdot a.$$

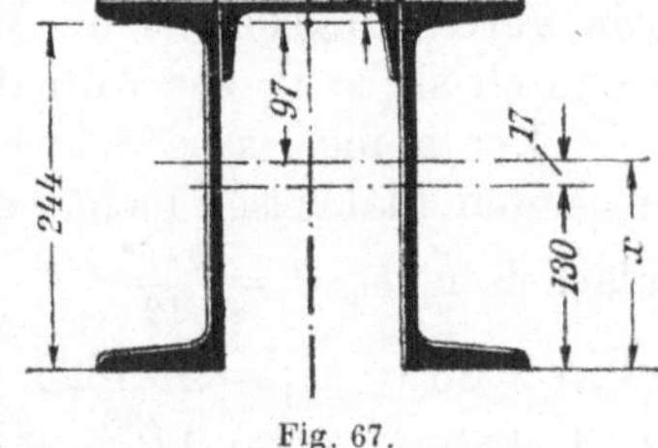

Fig. 67.

Hierin bedeutet:

$F =$ Fläche des Gesamtquerschnittes in qcm,

$f =$ Fläche der Einzelquerschnitte in qcm,

$x =$ Abstand des Gesamtschwerpunktes von Unterkante des Trägerprofils in cm,

$a =$ Abstand des Schwerpunktes der Einzelprofile von Unterkante des Trägerprofils in cm.

Nach Fig. 67 ergibt sich:

$$(2 \cdot 48,3 + 17) \cdot x = (2 \cdot 48,3) \cdot 13 + 17 \cdot 24,4$$

$$x = \frac{1670,6}{113,6} = 14,7 \text{ cm}.$$

Nun muß das Trägheitsmoment des Gesamtprofiles, bezogen auf die neue Schwerpunktsachse, berechnet werden. Da diese neue Schwerpunktsachse nicht durch den Schwerpunkt der einzelnen Profile geht, ist die Formel anzuwenden:

$$J = J_0 + f \cdot a^2.$$

Hierin bedeutet:

$J \ =$ Trägheitsmoment, bezogen auf die neue Schwerpunktsachse, in cm⁴

$J_0 =$ Trägheitsmoment, bezogen auf die eigene Schwerpunktsachse, die parallel zur neuen Achse liegt, in cm⁴

$f \ =$ Querschnittsfläche des Einzelprofils in qcm

$a \ =$ Abstand der Einzelprofile von der neuen Achse in cm.

Die Rechnung ergibt (Fig. 67):

$$2\,⊏\,NP\,26:\ J_1 = 2\,(4823 + 48,3 \cdot 1,7^2) = 9926 \text{ cm}^4$$

$$1\,⊏\,NP\,12:\ J_2 = 43,2 + 17 \cdot 9,7^2 \qquad = 1641 \ \text{,,}$$

$$J = J_1 + J_2 = 11567 \text{ cm}^4.$$

Das Widerstandsmoment ist:

$W = \dfrac{J}{e}$, worin e den Abstand der äußersten Faser von der gemeinsamen Schwerpunktsachse bezeichnet; hier also $e = 14{,}7$ cm.

$$W = \frac{11567}{14{,}7} = 787 \text{ cm}^3$$

Also: $$Q = \frac{787 \cdot 1200 \cdot 8}{470} = \sim 16100 \text{ kg.}$$

Das einseitige Zwischennieten des ⌐-Eisens $NP\,12$ hat also nur eine geringe Vergrößerung der Tragfähigkeit des Trägers ergeben. Ein Vorteil dagegen ist die Vergrößerung der oberen Trägerfläche, wodurch sie z. B. zur Aufnahme von Mauerwerk geeigneter wird.

c) Der gemeinsame Schwerpunkt wird durch die symmetrisch liegenden Flacheisen nicht verschoben. Das Trägheitsmoment der Flacheisen ist $J = \dfrac{b \cdot h^3}{12}$.

$2\,⌐ NP\,26$: $J_1 = 2 \cdot 4823 \cdots\cdots\cdots\cdots = 9646$ cm⁴,

2 Flacheisen: $J_2 = 2 \left(\dfrac{30 \cdot 1{,}2^3}{12} + (30 \cdot 1{,}2) \cdot 13{,}6^2 \right) = \sim 13325$ „

$$J = J_1 + J_2 = \quad 22971 \text{ cm}^4.$$

$$W = \frac{J}{e} = \frac{22971}{14{,}2}$$
$$W = 1618 \text{ cm}^3$$
$$Q = \frac{1618 \cdot 1200 \cdot 8}{470} = \sim 33050 \text{ kg.}$$

Die Trägerform c ergibt also eine bedeutende Vergrößerung der Tragfähigkeit bei gleichzeitiger Verbreiterung der oberen Trägerfläche.

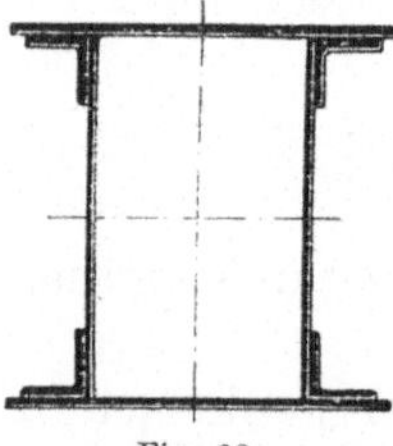
Fig. 68.

Für größere Spannweiten und Belastungen kann die Trägerform c auch so ausgebildet werden, daß an Stelle der ⌐-Eisen Stehbleche und Winkeleisen nach Fig. 68 treten.

Der genietete I-Träger (Fig. 69). Er besteht aus dem vertikalen Stehbleche, der oberen und der unteren Gurtung (je 2 ⋌-Eisen), sowie den oberen und den unteren Gurtungsplatten. Von letzteren werden bei langen Trägern mehrere so übereinander genietet, daß ihre Zahl in der Mitte am größten ist. Ebenso nimmt die Höhe des Stehbleches nach der Mitte hin zu. Sind seitliche Durchbiegungen des Steges zu befürchten, so werden in Abständen von etwa 2 m ⌞- oder ⋌-Eisen an dasselbe genietet.

Durch die Vergrößerung der Stehblechhöhe und der Anzahl der Gurtungsplatten nach der Mitte zu wächst das Widerstandsmoment des Profils. Ist eine Vergrößerung der Trägerhöhe aus baulichen

Gründen nicht möglich, so wird der Träger nur durch **Aufnieten von Gurtungsplatten** verstärkt. Die **erforderliche Länge der Platten** bestimmt man folgendermaßen:

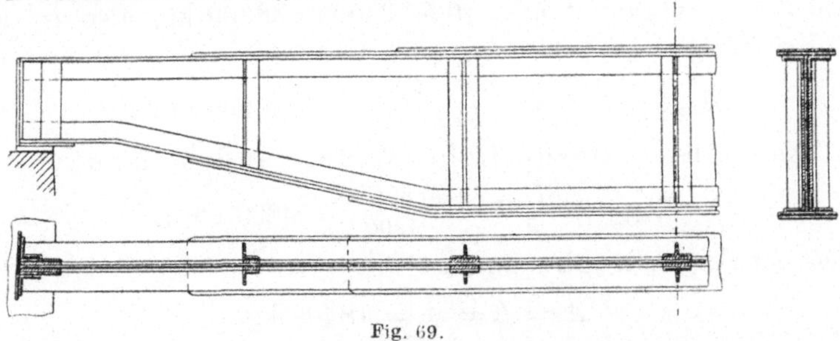

Fig. 69.

Man zeichnet eine **Momentenlinie** (für gleichmäßig verteilte Belastung, z. B. eine Parabel mit M_{max} in der Mitte, Fig. 70). Nun stellt man die Widerstandsmomente des Trägers W_1 und W_2 mit einer und mit zwei Gurtungsplatten fest. Nach der Gleichung $M_b = W \cdot k_b$ berechnet man ferner die Biegungsmomente Mb_1 und Mb_2, die mit einer und mit zwei Gurtungsplatten übertragen werden

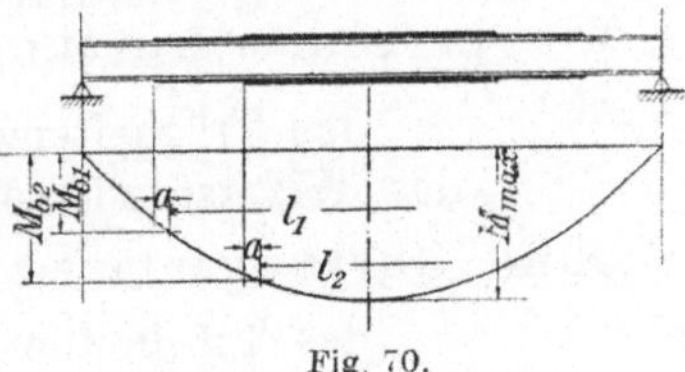

Fig. 70.

können. Trägt man diese Mb_1 und Mb_2 als Senkrechte zur Nullinie an und zieht durch die Endpunkte Parallele zur Nullinie, so erhält man die theoretisch erforderlichen Plattenlängen l_1 und l_2, die um einen Betrag a ($100 \div 150$ mm) in der Praxis vergrößert werden.

Für die **Vernietung zwischen Stehblech und Gurtung** muß die Nietteilung berechnet werden, und zwar für die jeweilige Querkraft. Diese erreicht an den Auflagern ihren Höchstwert, den Auflagerdruck. Man wird deshalb zweckmäßig zunächst die Nietteilung an den Auflagern berechnen. Ergibt sich bereits hier eine Teilung $\geq 7d$, so ist diese über den ganzen Träger durchzuführen. Anderenfalls ist in Abständen von etwa 1 m die Teilung für die auftretende Querkraft neu zu berechnen.

Für die Nietteilung gilt die Formel:

$$t = \frac{N_l \cdot J}{Q \cdot S}.$$

Hierin bedeutet:

$N_l =$ Nietkraft auf Lochleibungsdruck

$J =$ Trägheitsmoment des Trägerquerschnittes

$Q =$ Querkraft

$S =$ Statisches Moment der an das Stehblech anzuschließenden Gurtung, bezogen auf die neutrale Achse (Schwerpunktslinie).

Beispiel. Ein genieteter $\mathbf{I}$-Träger von der Stützweite $l = 10,5$ m ist mit $q = 3500$ kg/m belastet. Es soll die Nietteilung zwischen Gurtung und Stehblech berechnet werden.

Die Gesamtlast ist $Q = 10,5 \cdot 3500 = 36800$ kg, also ist das größte Biegungsmoment:

$$M_{max} = \frac{Q \cdot l}{8} = \frac{36800 \cdot 1050}{8} = 4830000 \text{ cmkg}$$

und das größte erforderliche Widerstandsmoment:

$$W_{max} = \frac{M_{max}}{k_b} = \frac{4830000}{1200} = 4030 \text{ cm}^3.$$

Die Auflagerdrucke sind:

$$A = B = \frac{Q}{2} = 18400 \text{ kg}.$$

Nach einer Tabelle in „Eisen im Hochbau" ist ein Träger von 750 mm Stehblechhöhe, 10 mm Stehblechstärke und $\angle$-Eisen $90 \times 90 \times 11$ als Gurtung gewählt. Nietdurchmesser 20 mm.

Mit je einer Gurtungsplatte 220×10 mm hat dieser Träger:

$$\text{das Trägheitsmoment } J_1 = 166000 \text{ cm}^4 \text{ und}$$
$$\text{das Widerstandsmoment } W_1 = 4329 \text{ cm}^3.$$

Ohne Gurtungsplatte ist:

$$\text{das Trägheitsmoment } J_0 = 113000 \text{ cm}^4 \text{ und}$$
$$\text{das Widerstandsmoment } W_0 = 3018 \text{ cm}^3.$$

Die hier nicht durchgeführte Ermittlung der erforderlichen Länge der Gurtungsplatten ergibt (ohne Zugabe „a") ~ 520 mm. An den Auflagern ist also das Trägerprofil ohne Gurtungsplatten vorhanden. Hierfür wird die Teilung berechnet.

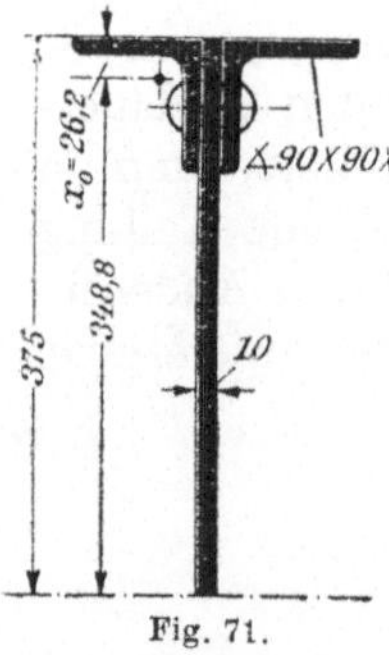

Das statische Moment der 2 $\angle$-Eisen bezogen auf die $x - x$-Achse ist (Fig. 71):

$$S = 2 \cdot f \cdot (37,5 - x_0)$$
$$S = 2 \cdot 18,7 \cdot 34,88 = 1300 \text{ cm}^3.$$

Fig. 71.

Die Nietkraft auf Lochleibungsdruck für einen Nietdurchmesser 20 mm und 10 mm kleinste Blechstärke ist:

$$N_l = 4000 \text{ kg}.$$

Ferner ist: $J = J_0 = 113000 \text{ cm}^4$

$$Q = A = B = 18400 \text{ kg}.$$

Also wird: $t = \dfrac{N_l \cdot J}{Q \cdot S} = \dfrac{4000 \cdot 113000}{18400 \cdot 1300} = 18,9$ cm.

Die größte zulässige Teilung ist:

$$t = 7d = 7 \cdot 20 = 140 \text{ mm}.$$

Diese wird über den ganzen Träger durchgeführt.

Die armierten Träger. Sie werden da verwendet, wo es darauf ankommt, die Tragfähigkeit eines Balkens oder gewalzten Trägers zu vergrößern, ohne dessen Eigengewicht wesentlich zu erhöhen. Je nachdem die Unterstützung an einer Stelle oder an zwei Stellen geschieht, unterscheidet man einfach (Fig. 72) oder doppelt armierte Träger (Fig. 73). Die Ausführung eines einfach armierten

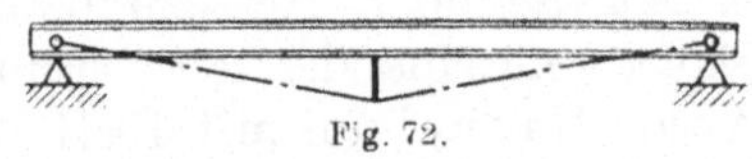

Fig. 72.

I-Trägers ist in Fig. 74 gezeigt. Die Armierung besteht aus einer mittleren Druckstütze a und je zwei Flacheisen b an jeder Trägerhälfte. Die Flacheisen sind mittels Bolzen und je zwei Futter-

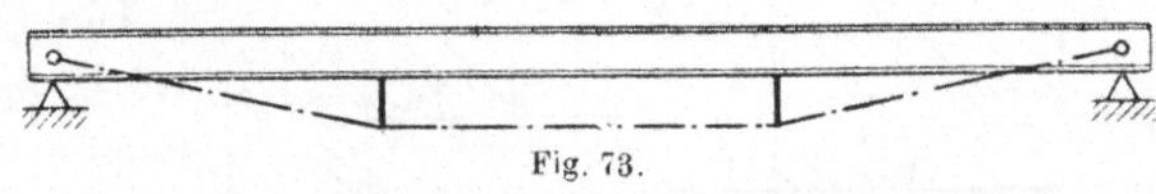

Fig. 73.

stücken c am Trägersteg befestigt und am anderen Ende alle vier durch einen Bolzen mit der Druckstütze vereinigt. Letztere kann

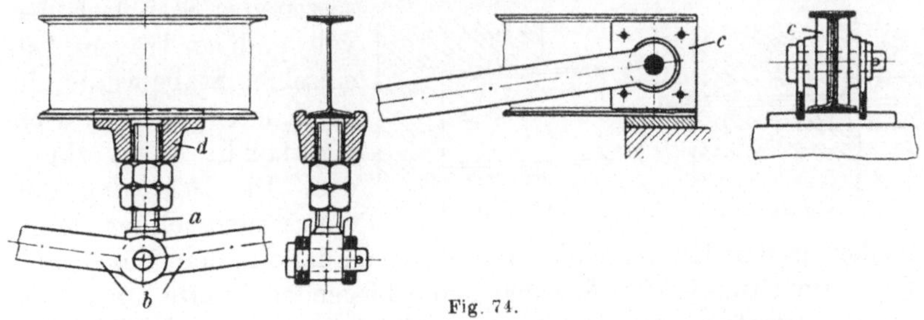

Fig. 74.

durch Drehen der oberen Mutter nach unten bewegt werden, wodurch die ganze Armierung gespannt wird. Die Kopfplatte d hat eine Bohrung ohne Gewinde, damit sich der Bolzen in derselben frei auf und ab bewegen kann.

Der Stoß eines Trägers wird, wenn irgend möglich, über einem Auflager angeordnet, weil hier (abgesehen vom kontinuierlichen Träger) das Biegungsmoment $= 0$ ist. Für diesen Fall genügt dann die Verbindung der Träger durch zwei seitliche Laschen (Fig. 75). Sind Längenausdehnungen zu erwarten, so befestigt man die Laschen an einem Träger durch Niete, am anderen durch Schrauben in schlitzförmigen Löchern.

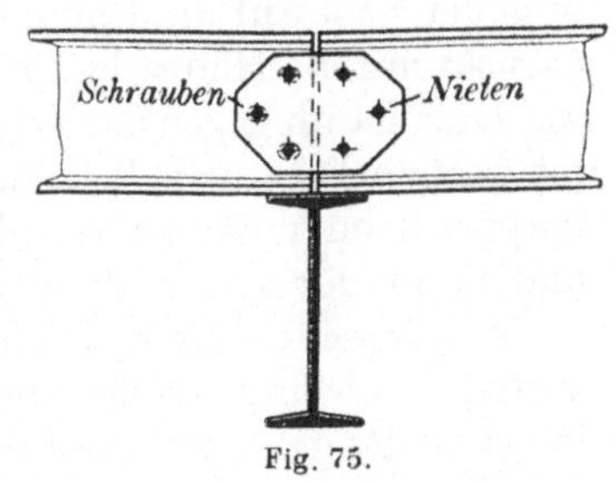

Fig. 75.

Liegt eine Stoßverbindung außerhalb der Auflager, so ist sie zu berechnen. Die Laschen müssen das Biegungsmoment an der Stoßstelle aufnehmen; ihr Widerstandsmoment muß deshalb mindestens das gleiche sein, wie das des Trägers an der Stoßstelle. Ferner ist die Nietverbindung zu berechnen.

Ist eine **Verankerung** der Träger im Mauerwerk notwendig, z. B. bei auftretenden Horizontalkräften oder wenn der Träger zwei Mauern miteinander fest verbinden soll, so erfolgt sie durch ein Ankerflacheisen mit Keil (Fig. 76), durch ein angenietetes Winkeleisenstück (Fig. 77), durch ein Stück Rundeisen im Trägersteg (Fig. 78) oder durch einen Ankerbolzeu mit Wandplatte (ähnlich den Fundamentankern).

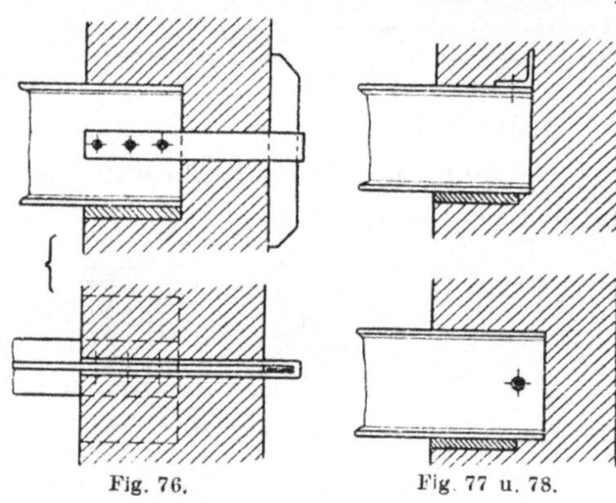

Fig. 76.   Fig. 77 u. 78.

Die **Gitter- oder Fachwerkträger** bestehen aus einer oberen, einer unteren Gurtung und den dazwischenliegenden Gitterstäben. Letztere ersetzen das Stehblech des vollwandigen Trägers. Die einzelnen Stäbe werden in den Knotenpunkten durch Knotenbleche verbunden. Die Belastung der Gitterträger soll nach Möglichkeit in den Knotenpunkten erfolgen, da dann in den Stäben nur Zug- und Druckkräfte, dagegen keine biegenden Kräfte auftreten. Ist die Belastung des Trägers eine ruhende (keine wandernde oder Verkehrslast), so werden die Stabkräfte meist durch Cremonasche Kräftepläne ermittelt.

In dem Abschnitt „Dachbinder" ist ein Beispiel für die Ermittlung der Stabkräfte durch Cremonasche Kräftepläne durchgeführt (Fig. 158). Bei symmetrischen Trägern und gleichmäßiger Verteilung der Last auf die Knotenpunkte rechts und links von der Mitte braucht nur die Hälfte des Cremonaschen Kräfteplanes gezeichnet zu werden. Ist hingegen der Träger unsymmetrisch oder ist beim symmetrischen Träger die Belastung ungleich verteilt, so muß zunächst graphisch oder rechnerisch die Größe der Auflagerdrücke ermittelt und dann der ganze Cremonasche Kräfteplan gezeichnet werden.

Es ist zweckmäßig vor Aufzeichnen des Kräfteplanes festzustellen, ob und welche Stäbe spannungslos sind. Dabei sind folgende Regeln zu beachten:

1. Wenn in einem unbelasteten Knotenpunkte nur 2 Stäbe zusammentreffen, so sind beide Stäbe spannungslos.

2. Wenn in einem unbelasteten Knotenpunkte 3 Stäbe zusammen-

treffen, von denen 2 in einer Geraden liegen, so ist der dritte spannungslos. Von den 2 in einer Geraden liegenden Stäben kann der eine durch einen Auflagerdruck ersetzt sein.

In Fig. 79 sind Stab 1 und 2 spannungslos, da in dem unbelasteten Knotenpunkt I nur 2 Stäbe zusammentreffen. Der Träger kann deshalb nach Fig. 80 ausgeführt werden.

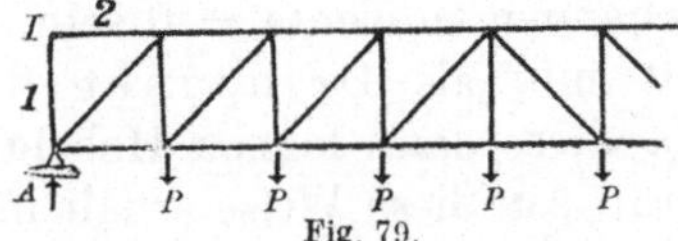

Fig. 79.

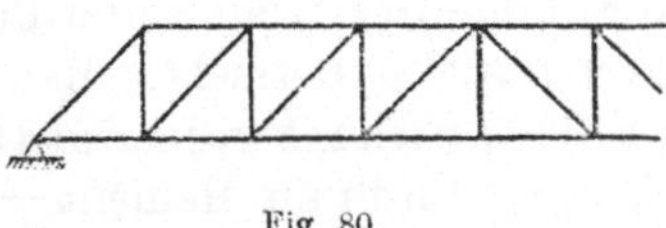

Fig. 80.

In Fig. 81 ist Stab 2 spannungslos, da im unbelasteten Knotenpunkt I Stab 1 und Auflagerdruck A in einer Geraden liegen. Der Träger könnte auch nach Fig. 82 ausgeführt werden.

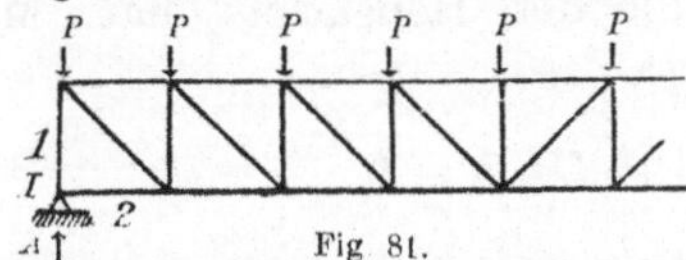

Fig. 81.

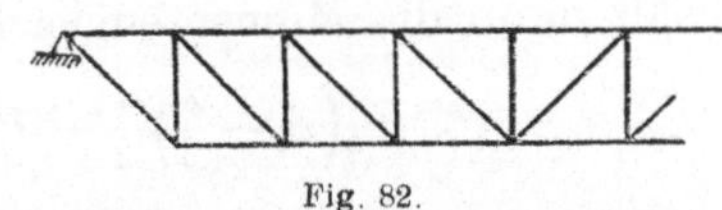

Fig. 82.

Der Cremonasche Kräfteplan läßt sich nur dann aufzeichnen, wenn in keinem Knotenpunkte mehr als 2 unbekannte Stabkräfte vorhanden sind. In Fig. 83 lassen sich für die Knoten-

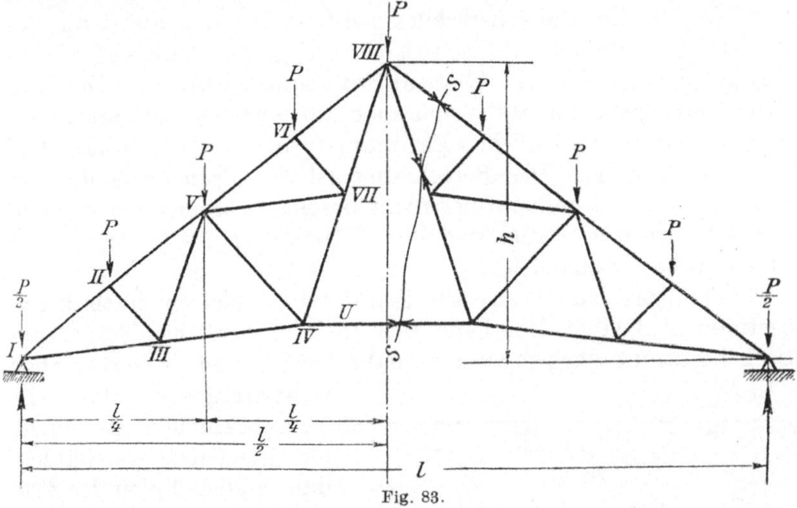

Fig. 83.

punkte I ÷ III die Kräftepläne aufzeichnen, in den Knotenpunkten IV und V dagegen sind je 3 Stabkräfte unbekannt. Man kann sich nun so helfen, daß man einen Stab, z. B. Stab U nach der Ritterschen Schnittmethode berechnet. Er wird dann als bekannter Stab im Cremonaschen Kräfteplan eingezeichnet.

4*

Bei der Ritterschen Schnittmethode denkt man sich einen Schnitt so durch den Träger gelegt, daß 3 Stäbe getroffen werden, z. B. in Fig. 83 den Schnitt S—S. An die Schnittstellen der Stäbe setzt man Pfeile, die aufeinander zugekehrt sind, als Andeutung der Stabkraft. Stellt man für den Trägerteil links vom Schnitt eine Momentengleichung für einen beliebigen Drehpunkt auf, so muß die Summe der rechts- und linksdrehenden Momente = 0 sein, da Gleichgewicht herrscht. Man wählt nun als Drehpunkt den Schnittpunkt zweier Stäbe, da diese dann keinen Hebelarm haben, wodurch ihr Moment = 0 wird. Auf diese Weise erhält man eine Gleichung mit einer Unbekannten.

In Fig. 83 wird Punkt VIII als Drehpunkt genommen. Die drei Kräfte P in den Knotenpunkten II, V und VI werden zu der Resultierenden $R = 3P$ vereinigt, die den Hebelarm $\frac{l}{4}$ hat. Man erhält dann die Momentengleichung:

$$\left(A - \frac{P}{2}\right)\frac{l}{2} - R \cdot \frac{l}{4} - U \cdot h = 0$$

und daraus:
$$U = \frac{\left(A - \frac{P}{2}\right)\frac{l}{2} - R \cdot \frac{l}{4}}{h}.$$

Sind alle Stabkräfte ermittelt, so müssen die erforderlichen Profile für die Stäbe berechnet werden. Bei den auf Zug beanspruchten Stäben ist die Schwächung der Querschnittsfläche durch die Nietlöcher zu berücksichtigen. Die auf Druck beanspruchten Stäbe sind auch auf Knicken zu berechnen. Hierfür gelten die amtlichen Bestimmungen vom 25. Februar 1925 (s. Fußnote S. 1). Die Berechnung ist die gleiche wie die der Stützen und soll deshalb hier nicht besonders besprochen werden. Die konstruktive Ausbildung der Gitterträger ist im Abschnitt „Dachbinder" behandelt.

Ein Träger auf mehr als 2 Stützen bildet ein statisch unbestimmtes System. Man kann aber auch einen solchen Träger statisch bestimmt machen, wenn man ihn nach Fig. 84 als **Gerberschen Gelenkträger** ausbildet. Es ist zweckmäßig, die einzelnen Längen so zu wählen, daß in allen Teilen des Trägers das gleiche größte Biegungsmoment auftritt. Man erreicht dies, wenn man folgende Maße innehält:

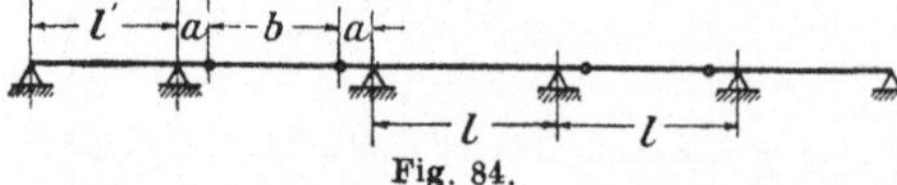

Fig. 84.

Länge des Kragarmes $a = 0{,}1466\ l$
„   „   eingehängten Trägers $b = 0{,}707\ l$
„   „   Endfeldes $l' = 0{,}854\ l.$

Für diese Maße und gleichmäßig verteilte Belastung ist in jedem Felde das größte Biegungsmoment:

$$M_{\max} = \frac{Q \cdot l}{16}.$$

Aus baulichen Gründen muß häufig die Länge des Endfeldes gleich den übrigen Längen l gemacht werden. Dann ist im Endfelde mit einem größten Biegungsmoment:

$$M_{\max} = \frac{Q \cdot l}{11}$$

zu rechnen.

Der eingehängte Träger muß mit dem Kragarm gelenkig verbunden sein. Es genügt, wenn die Lasche auf einer Seite angenietet wird, während sie auf der anderen Seite durch Schrauben in schlitzförmigen Löchern befestigt wird (Fig. 85). Die Verbindung durch ⋊-Eisen-Laschen, die ebenfalls durch eine Schraube in schlitzförmigem Loch erfolgt, zeigt Fig. 86.

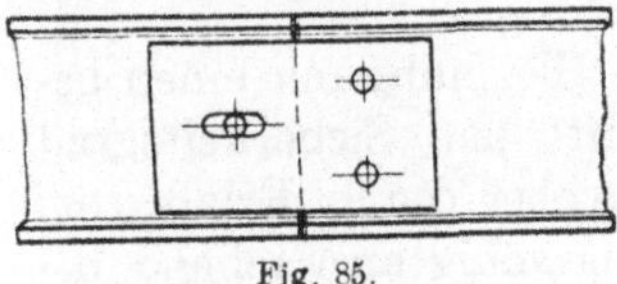

Fig. 85.

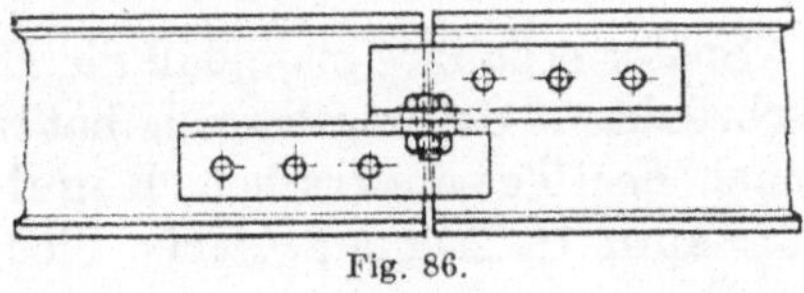

Fig. 86.

Bei geringeren Belastungen genügt meist die Fläche des unteren Trägerflansches, um den Auflagerdruck auf eine genügend große Fläche des Mauerwerkes zu verteilen. Da aber schon bei einer ganz geringen Durchbiegung des Trägers nur noch dessen vordere Kante voll aufliegt, so empfiehlt es sich, namentlich bei größeren Spannweiten, zwischen Trägerflansch und Mauerwerk eine gußeiserne Unterlegplatte anzuordnen, die nun auch nach Erfordernis breit sein kann, um den spezifischen Flächendruck zu verringern (Fig. 87).

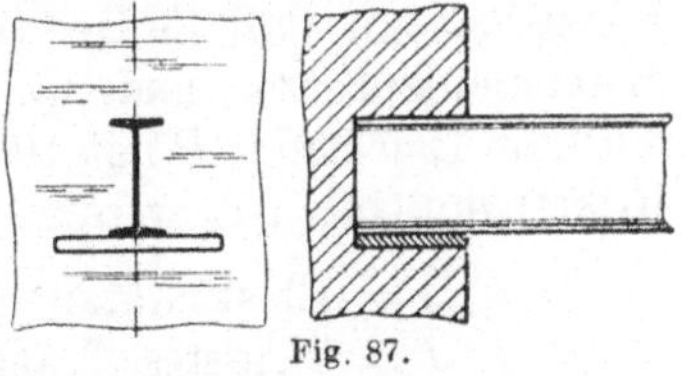

Fig. 87.

Eine gleichmäßigere Verteilung des Auflagerdruckes erhält man bei Anwendung von 2 ÷ 3 Platten übereinander, deren Abmessungen nach Fig. 88 nach unten zu größer werden. Den gleichen Vorteil bietet eine oben schwach gewölbte gußeiserne Unterlegplatte (Fig. 161).

Bezeichnet:

A den Auflagerdruck in kg,
B die Breite der Platte in cm,
L die Länge der Platte in cm,

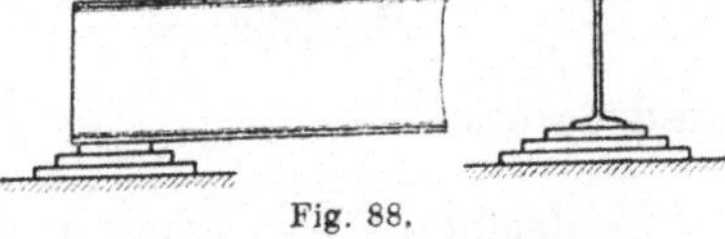

Fig. 88.

so berechnet sich der spezifische Flächendruck unter der

Platte bei Annahme gleichmäßiger Druckverteilung nach der Formel:

$$k = \frac{A}{B \cdot L}.$$

Die zulässige Druckspannung unter dem Auflager darf betragen:

Für Mauerziegel 2. Klasse in Kalkmörtel . . . . bis 7 kg
„   „   1. „   „   „   . . . . „ 10 „
„   „   1. „   „ verlängertem Zementmörtel „ 14 „
„   Hartbrandziegel   „   „   „   „ 18 „
„   Klinker in Zementmörtel . . . . „ 35 „.

Säulen und Stützen.

Die Berechnung der Säulen und Stützen erfolgte früher außer auf Druck nach einer der Eulerschen Gleichungen, in den weitaus meisten Fällen nach der Gleichung:

$$P = \frac{\pi^2 \cdot E \cdot J}{\mathfrak{S} \cdot l^2}.$$

Später erkannte man, daß die Eulersche Gleichung nur einen beschränkten Geltungsbereich hat und prüfte den Sicherheitsgrad nach der Tetmayrschen Regel nach, wobei durch Erlaß vom 21. April 1922 eine $2^1/_2$fache Sicherheit als völlig ausreichend bezeichnet wurde.

Durch den Erlaß vom 25. Februar 1925 ist die Berechnung von Druckstäben nach dem ω-Verfahren Vorschrift.

Im folgenden sollen alle drei Verfahren besprochen und an Hand von Aufgaben erläutert werden.

Die Eulerschen Formeln gelten für Belastung in Kilogramm und Längen in Zentimeter. Für den Eisenhochbau wandelt man die Formel so um, daß die Belastung in Tonnen, die Längen in Meter einzusetzen sind. Damit die Formel ihre Gültigkeit behält, muß die Belastung P mit 1000 und die Länge l mit 100 (l^2 also mit 10000) multipliziert werden. Es bedeutet ferner:

$E =$ Elastizitätsmodul (für Flußstahl $= 2\,100\,000$),
$J =$ kleinstes Trägheitsmoment in cm^4,
$\mathfrak{S} =$ Sicherheitsgrad (für Flußstahl 4 oder 5).

Man erhält dann z. B. für $\mathfrak{S} = 5$:

$$P \cdot 1000 = \frac{\pi^2 \cdot E \cdot J}{\mathfrak{S} \cdot l^2 \cdot 10000} = \frac{10 \cdot 2\,100\,000 \cdot J}{5 \cdot l^2 \cdot 10000}$$

und daraus:

$$J = 2{,}38\, P \cdot l^2.$$

In gleicher Weise erhält man für $\mathfrak{S} = 4$:

$$J = 1{,}9\, P \cdot l^2.$$

Nach den neuen Vorschriften ist je nach dem Belastungsfalle $\mathfrak{S} = 4{,}08$ (dafür $J = 1{,}97\ P \cdot l^2$) oder $\mathfrak{S} = 3{,}5$ ($J = 1{,}69\ P \cdot l^2$) zu nehmen.

Für Gußeisen ist $E = 1\,000\,000$, $\mathfrak{S}$ wird $= 6$ gesetzt. Man erhält dafür:
$$J = 6\ P \cdot l^2.$$

Für Kiefernholz ist $E = 100\,000$, $\mathfrak{S}$ wird meist $= 10$ gesetzt. Man erhält dafür:
$$J = 100\ P \cdot l^2.$$

Die Gültigkeitsgrenze der Eulerschen Formeln wird ausgedrückt durch die Gleichung:
$$x = \frac{l}{i}.$$

Hierin ist $l =$ Knicklänge in Zentimeter und i der Trägheitshalbmesser in Zentimeter, der sich aus der Formel:
$$J = F \cdot i^2$$

zu
$$i = \sqrt{\frac{J}{F}} \text{ ergibt.}$$

Hierin ist:

$J =$ kleinstes Trägheitsmoment in cm^4,

$F =$ Querschnittsfläche in qcm.

Die Gültigkeitsgrenze ist:

für Flußstahl: $x = 100$,

„ Grauguß: $x = 80$,

d. h. die Eulersche Gleichung hat z. B. für eine Flußstahlstütze Gültigkeit, wenn
$$x \leq 100 \text{ ist.}$$

Bezeichnet man die Knickspannung beim Bruch mit
$$\sigma_k = \frac{P_k}{F},$$

worin P_k die Bruchbelastung bedeutet, so errechnet sich nach **Tetmayr** diese Knickspannung bei Flußstahl nach der Formel:
$$\sigma_k = 3100 - 11{,}4\ x.$$

Der Sicherheitsgrad gegen Knicken ist dann
$$\mathfrak{S} = \frac{\sigma_k}{\sigma},$$

worin $\sigma = \dfrac{P}{F}$ und $\sigma_k = 3100 - 11{,}4 \cdot x$ zu setzen ist.

Nach dem ω-**Verfahren** wird die Druckkraft P mit dem Beiwert ω, der sog. Knickzahl, die sich nach dem Schlankheitsgrad und dem Baustoff richtet, multipliziert und im übrigen der Stab wie ein Zugstab, jedoch ohne Nietabzug berechnet. Ist wieder:
$$i = \sqrt{\frac{J}{F}}$$

der Trägheitshalbmesser, so wird zunächst der Schlank-
heitsgrad $\lambda = \dfrac{l}{i}$ ermittelt und für diesen und den fraglichen
Baustoff die Knickzahl ω aus der folgenden Tabelle aufgesucht.
Mit dieser wird die errechnete Druckkraft P multipliziert und das
Produkt $P \cdot \omega$ durch den gewählten Stabquerschnitt F dividiert.
Der Wert $\dfrac{P \cdot \omega}{F}$ darf nicht größer als die zulässige Beanspruchung
des Baustoffes für den betreffenden Belastungsfall sein.

Flußstahl		Hochwertiger Baustahl	
Schlankheitsgrad $\lambda = \dfrac{l}{i}$	Knickzahl ω	Schlankheitsgrad $\lambda = \dfrac{l}{i}$	Knickzahl ω
0	1,00	0	1,00
10	1,01	10	1,01
20	1,02	20	1,03
30	1,06	30	1,06
40	1,10	40	1,12
50	1,17	50	1,20
60	1,26	60	1,32
70	1,39	70	1,49
80	1,59	80	1,76
90	1,88	90	2,21
100	2,36	100	3,07
110	2,86	110	3,72
120	3,41	120	4,43
130	4,00	130	5,20
140	4,64	140	6,03
150	5,32	150	6,92

Zwischenwerte sind geradlinig einzuschalten.

Meist wird die Berechnung mit „Gebrauchsformeln" zweckmäßig sein. Als solche gelten:

Bei Flußstahl (St. 37) für den am häufigsten vorkommenden Belastungsfall:

$$F_{\text{erf}} = \frac{P}{1,2} + 0{,}577\, K \cdot l^2.$$

Bei hochwertigem Baustahl (St. 48)

$$F_{\text{erf}} = \frac{P}{1,56} + 0{,}675\, K \cdot l^2.$$

Ferner dient als Gebrauchsformel die Eulersche Formel, aber nur
innerhalb ihres Gültigkeitsbereiches, und zwar sowohl für St. 37
wie auch für St. 48 meist mit 4,08 facher Sicherheit:

$$J_{\text{erf}} = 1{,}97 \cdot P \cdot l^2.$$

In allen Formeln ist P in t, l in m einzusetzen. K ist der Profilwert $= \dfrac{F^2}{J} = \dfrac{F}{i^2}$, der sich nur langsam mit dem Querschnitt ändert

und für den zunächst Näherungswerte (z. B. nach Hütte, 24. Aufl., Bd. I, S. 623) zu nehmen sind.

Sind die Querschnitte nach Gebrauchsformeln gefunden, so ist stets noch eine Untersuchung nach dem ω-Verfahren anzustellen.

Aufgabe. Eine Stütze von $l = 4$ m freier Länge ist mit $P = 65\,t$ belastet. Es ist auszurechnen, welche Profile erforderlich sind bei Verwendung von:

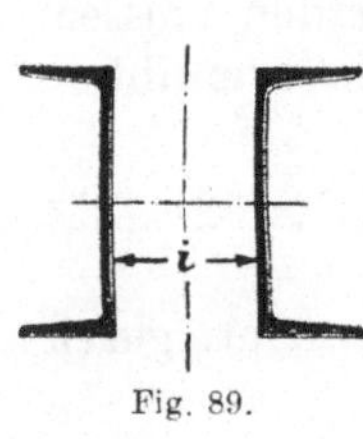

Fig. 89.

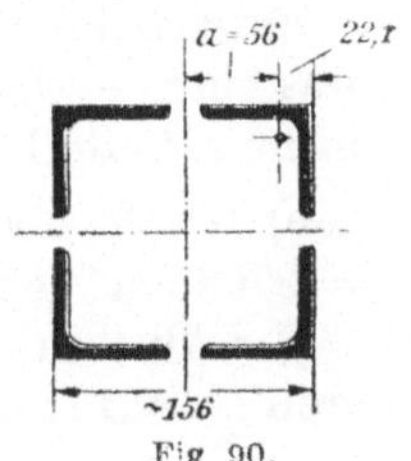

Fig 90.

a) einem breitflanschigen (Differdinger) I-Träger,

b) zwei ⊏-Eisen nach Fig. 89,

c) vier ⋌-Eisen nach Fig. 90.

Zunächst wird die erforderliche Querschnittsfläche mit $k = 1200$ kg/qcm auf Druck berechnet.

$$P = F \cdot k$$
$$F = \frac{P}{k} = \frac{65000}{1200} = 54{,}2 \text{ qcm.}$$

Das erforderliche Trägheitsmoment nach Euler ist:

$$J = 1{,}97\,P \cdot l^2 = 1{,}97 \cdot 65 \cdot 16,$$
$$J = 2049 \text{ cm}^4.$$

a) Nach Tabelle wird gewählt $\overline{I}NP\,22\,B$ mit $J_y = 2216$ cm⁴ und $F = 82{,}6$ qcm.

Die Nachprüfung des Sicherheitsgrades nach Tetmayr ergibt:

$$i = \sqrt{\frac{J}{F}} = \sqrt{\frac{2216}{82{,}6}} = 5{,}2$$
$$x = \frac{l}{i} = \frac{400}{5{,}2} = \sim 77$$

Sicherheitsgrad:

$$\mathfrak{S} = \frac{\sigma_k}{\sigma} = \frac{(3100 - 11{,}4 \cdot x) \cdot F}{P}$$
$$\mathfrak{S} = \frac{(3100 - 11{,}4 \cdot 77) \cdot 82{,}6}{65000}$$
$$\mathfrak{S} = 2{,}83 \text{ (zulässig).}$$

(Die Nachprüfung nach Tetmayr erübrigt sich, da nach dem ω-Verfahren nachgerechnet werden muß.)

Die Nachprüfung nach dem ω-Verfahren ergibt (wie vorher): $i = 5{,}2$,

$$\lambda = \frac{l}{i} = \sim 77 \text{ (nach Tetmayr mit „}x\text{“ bezeichnet).}$$

Aus der Tabelle: $\omega = 1{,}53$

$$\frac{P \cdot \omega}{F} = \frac{65000 \cdot 1{,}53}{82{,}6} = \sim 1200 \text{ kg/qcm (zulässig).}$$

Die Gebrauchsformel:

$$F_{erf} = \frac{P}{1,2} + 0{,}577\,K \cdot l^2$$

hätte bei einem Profilwert $K = 3{,}3$ als erforderliche Querschnittsfläche ergeben:

$$F_{erf} = \frac{65}{1,2} + 0{,}577 \cdot 3{,}3 \cdot 16$$

$$F_{erf} = 84{,}7 \text{ qcm.}$$

Danach hätte das nächstgrößere Profil gewählt werden müssen, was aber — wie die Nachprüfung nach dem ω-Verfahren ergibt — nicht erforderlich ist.

b) Nach Euler würden 2 ⊏-Eisen $NP\,18$ mit $2\,J_x = 2 \cdot 1354 = 2708$ cm⁴ und $F = 2 \cdot 28 = 56$ qcm genügen.

Der Abstand i, für den die beiden Hauptträgheitsmomente gleich groß ($= 2\,J_x$) sind, ist nach Tabelle

$$i = \sim 95 \text{ mm.}$$

Die Gebrauchsformel:

$$F_{erf} = \frac{P}{1,2} + 0{,}577 \cdot K \cdot l^2$$

ergibt bei einem Profilwert $K = 1{,}2$ eine erforderliche Querschnittsfläche:

$$F_{erf} = \frac{65}{1,2} + 0{,}577 \cdot 1{,}2 \cdot 16$$

$$F_{erf} = 65{,}25 \text{ qcm.}$$

Danach müßten mindestens 2 ⊏-Eisen $NP\,20$ mit $2 \cdot 32{,}2 = 64{,}4$ qcm gewählt werden.

Für 2 ⊏-Eisen $NP\,20$ ergibt die Nachprüfung nach dem ω-Verfahren:

$$i = \sqrt{\frac{J}{F}} = \sqrt{\frac{3822}{64,4}} = \sim 7{,}7 \text{ cm}$$

$$\lambda = \frac{l}{i} = \frac{400}{7,7} = \sim 52.$$

Nach Tabelle: $\omega = 1{,}19$

$$\frac{\omega \cdot P}{F} = \frac{1{,}19 \cdot 65000}{64{,}4} = \sim 1200 \text{ kg/qcm.}$$

Die 2 ⊏-Eisen $NP\,20$ müssen also beibehalten werden.

c) Es werden nach Tabelle 4 ⋋-Eisen $75 \times 75 \times 10$ mit $F = 4 \cdot 14{,}1 = 56{,}4$ qcm gewählt.

Nun ist der Abstand a des Schwerpunktes eines ⋋-Eisens von der Hauptachse zu bestimmen. Bezeichnet f die Fläche eines ⋋-Eisens, so ist:

$$J = 4\,(J_0 + f \cdot a^2); \quad \text{(s. Aufgabe S. 41)}$$

$$f \cdot a^2 = \frac{J}{4} - J_0$$

$$14{,}1 \cdot a^2 = \frac{2049}{4} - 71{,}4$$

$$14{,}1\,a^2 = 440{,}8$$

$$a = \sqrt{\frac{440{,}8}{14{,}1}} = 5{,}6 \text{ cm.}$$

Die Nachprüfung nach dem ω-Verfahren ergibt:

$$i = \sqrt{\frac{J}{F}} = \sqrt{\frac{2049}{56{,}4}} = 6{,}04 \text{ cm}$$

$$\lambda = \frac{l}{i} = \frac{400}{6{,}04} = \sim 66.$$

Aus der Tabelle: $\omega = 1{,}33$

$$\frac{P \cdot \omega}{F} = \frac{65000 \cdot 1{,}33}{56{,}4} = \sim 1540 \text{ kg/qcm.}$$

Dieser Wert ist nur für hochwertigen Baustahl (bis
1560 kg/qcm) zulässig. Soll die Stütze aus Flußstahl bestehen, so
müßten die $\diagup\!\!\!\diagdown$-Eisen weiter auseinander gerückt werden, um J zu
vergrößern und damit ω kleiner zu bekommen.

Für ein Außenmaß der Stütze von 350 mm würde $a = 175 - 22{,}1$
$= 152{,}9$ mm $= \sim 15{,}3$ cm sein.

$$J = 4(71{,}4 + 14{,}1 \cdot 15{,}3^2) = \sim 13480 \text{ cm}^4$$

$$i = \sqrt{\frac{13480}{56{,}4}} = \sim 15{,}5 \text{ cm}$$

$$\lambda = \frac{400}{15{,}5} = \sim 26.$$

Aus der Tabelle: $\omega = 1{,}024$

$$\frac{P \cdot \omega}{F} = \frac{65000 \cdot 1{,}024}{56{,}4} = \sim 1180 \text{ kg/qcm.}$$

Diese Stütze könnte also aus Flußstahl hergestellt werden.

Bestehen **Stützen aus zwei oder mehr Einzelstäben,** so müssen
zwischen ihnen Querverbindungen angebracht werden (Fig. 92
bis 94). Die freie Länge der Einzelstäbe zwischen den Querverbindungen muß so berechnet werden, daß jeder Stab für sich
die auf ihn entfallende Einzellast aufnehmen kann, ohne nach der
schwächsten Seite hin auszuknicken.

Bezeichnet c die freie Länge eines Einzelstabes, so erhält man
diese nach „Eisen im Hochbau" aus:

$$c = 32{,}787 \sqrt{\frac{J_{\min}}{P_1}}.$$

Hierin bedeutet:

J_{min} das kleinste Trägheitsmoment des Einzelstabes in cm⁴,
P_1 die auf den Einzelstab entfallende Last in t.

In vorstehender Aufgabe müßte der Abstand der Querverbindungen sein:

bei b) $\qquad\qquad J_{min}$ für $\llcorner NP\, 20 = 148$ cm⁴

$$P_1 = 32,5 \text{ t}$$

$$c = 32,787 \sqrt{\frac{148}{32,5}} = 70 \text{ cm,}$$

bei c) $\qquad\qquad J_{min}$ für $\angle 75 \times 75 \times 10 = 29,8$ cm⁴,

$$P_1 = 16,25 \text{ t}$$

$$c = 32,787 \sqrt{\frac{29,8}{16,25}} = \sim 45 \text{ cm.}$$

Als freie Länge kann der Abstand der inneren Anschlußniete gewählt werden. Querverbindungen sind mit mindestens zwei Nieten an jeden Einzelstab anzuschließen.

Der **Fuß von Säulen und Stützen** ist so kräftig auszuführen, daß er sich unter der Last nicht durchbiegen kann. Bei Flußstahl-Stützen ist er durch Blechplatten und Winkeleisen zu versteifen, wie es z. B. die Fig. 92 bis 94 zeigen.

Erfolgt die Lastübertragung in Richtung der Säulenachse, so gilt die Gleichung:

$$P = F \cdot k,$$

worin P die gesamte Belastung in kg,

$F = B \cdot L$ die Fläche des Fußes in qcm,

k die zulässige Flächenpressung in kg/qcm bedeuten.

Es ist nun entweder die Breite B anzunehmen und die Länge L zu berechnen, oder L anzunehmen und B zu berechnen.

Bei exzentrischer Belastung tritt außer der Druckübertragung noch ein Biegungsmoment M_b auf. Die Flächenpressung ist dann nicht gleichmäßig über die Fußplatte verteilt, und es muß die größte Flächenpressung (Kantenpressung) k_{max} berechnet werden. Für eine rechteckige Fußplatte ist das Widerstandsmoment $W = \dfrac{B \cdot L^2}{6}$. Bezeichnet ferner:

k = Flächenpressung infolge des Druckes,

k_b = größte Flächenpressung infolge der Biegung,

so ist: $k_{max} = k + k_b$.

Aus $\quad P = B \cdot L \cdot k \quad$ und $\quad M_b = W \cdot k_b = \dfrac{B \cdot L^2}{6} \cdot k_b$

erhält man:

$$k = \frac{P}{B \cdot L} \quad \text{und} \quad k_b = \frac{6 \cdot M_b}{B \cdot L^2}.$$

Dies eingesetzt ergibt:

$$k_{max} = \frac{P}{B \cdot L} + \frac{6 \cdot M_b}{B \cdot L^2}.$$

Man verwendet entweder gußeiserne Säulen oder Stützen, die aus Walzeisen zusammengenietet sind.

a) Die gußeisernen Säulen

haben meist einen ringförmigen Querschnitt (Fig. 91). Kleinere Säulen bestehen stets aus einem Gußstück, während man bei größeren Säulen häufig Kopf, Schaft und Fuß getrennt gießt. Die Säulen sollen überall möglichst gleichmäßige Wandstärke und nirgends plötzliche Querschnittsänderungen haben, da sonst leicht bei der Herstellung Gußspannungen im Eisen entstehen, welche die Tragfähigkeit der Säule erheblich vermindern. Der stehende Guß ist dem liegenden bei weitem vorzuziehen, da bei letzterem öfters verschiedene Wandstärken im Schaft durch Verschieben oder Durchbiegen des Kernes, sowie auch Gußblasen und sonstige Gußfehler vorkommen. Da man mit einer geringen Verschiebung des Kernes stets rechnen muß, so ist 15 mm als geringste Wandstärke anzunehmen.

Der Nachteil gußeiserner Säulen besteht in einem recht bedeutenden Gewicht im Vergleich zur Tragfähigkeit; ferner sind auch Brüche beim Verladen und Transporte möglich. Infolge der geringen Biegungsfestigkeit des Gußeisens sollen sie nach Möglichkeit nur in Richtung der Säulenachse belastet werden.

b) Die Stützen aus Walzeisen

besitzen die oben genannten Nachteile nicht, verlieren aber, wie bereits früher erwähnt wurde, bei Bränden rascher als die gußeisernen Säulen ihre Tragfähigkeit. Als Vorteil wäre noch zu nennen, daß sich an Stützen aus Walzeisen leichter Trägeranschlüsse, Rohr-, Wellenleitungen u. dgl. anbringen lassen.

Die **Querschnittsform** genieteter Säulen kann äußerst verschieden ausgeführt werden; es ist

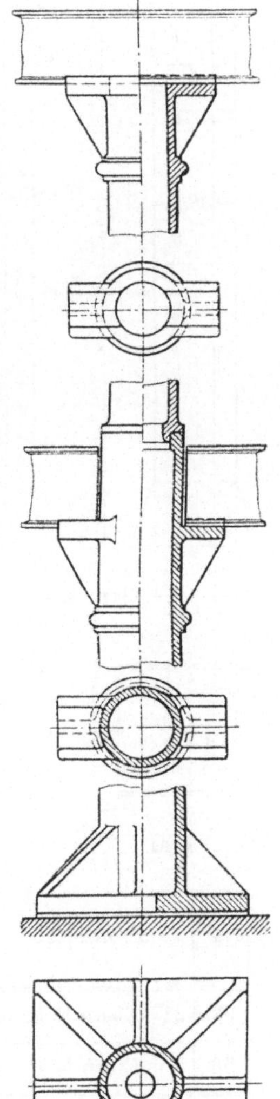

Fig. 91.

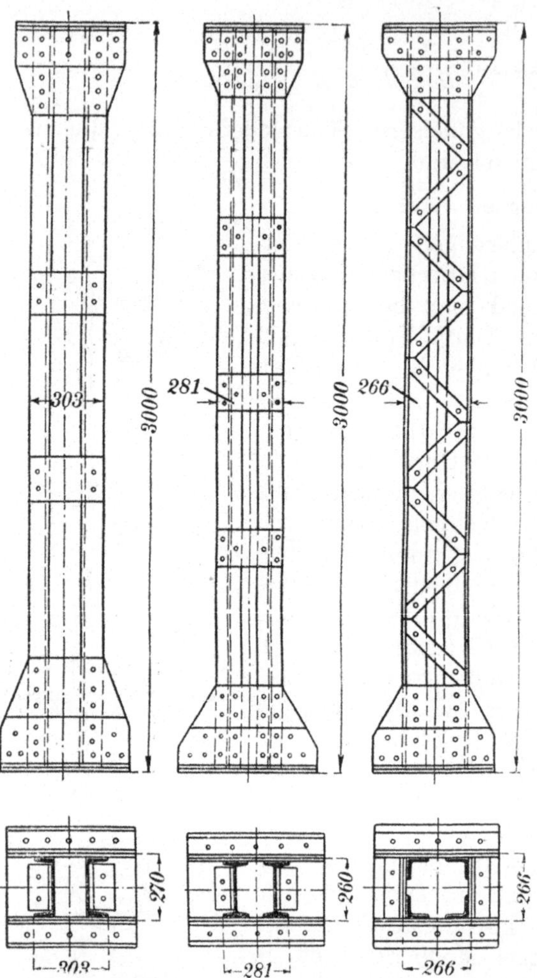

Fig. 92.   Fig. 93.   Fig. 94.

nur darauf zu achten, daß die Trägheitsmomente auf jede Achse bezogen einander annähernd gleich sind und daß sich die Säulen bequem nieten lassen.

In den Fig. 92 bis 94 sind drei genietete Säulen von annähernd gleicher Tragfähigkeit nebeneinander gezeichnet. Die eingeschriebenen Maße lassen die notwendigen Abmessungen erkennen. Die den Säulenschaft bildenden Walzeisen sind in Fig. 92 und 93 durch Flacheisentraversen, in Fig. 94 durch Gitterstäbe miteinander verbunden.

In der folgenden Tabelle sind die wichtigsten Angaben für diese drei Säulen zusammengestellt.

Aus dieser Tabelle ist ersichtlich, daß

Fig.	Profileisen	Tragfähigkeit in t	J (bis 5 m Höhe ausreichend)	Äußere Abmessungen in cm	Fläche in qcm
92	2 ⊏-Eisen N.P. 24	101,5	7196	30,3 × 27,0	2 · 42,3 = 84,6
93	2 T-Eisen N.P. 23	102,2	7214	28,1 × 26,0	2 · 42,6 = 85,2
94	4 ⨼-Eisen 9×1,3	104,6	8983	26,6 × 26,6	4 · 21,8 = 87,2

die Verwendung von vier ⨼ - Eisen den Vorteil der geringsten äußeren — und zwar quadratischen — Flächenbegrenzung ergibt;

dagegen ist die Nietung und damit auch die Herstellung am billigsten bei der Verwendung von zwei $\llcorner$-Eisen.

c) Die Pendelsäulen.

Wenn Säulen zur Unterstützung von Trägern dienen, die infolge von Ausdehnung bei Temperaturunterschieden oder unter der Einwirkung von horizontal gerichteten Kräften Verschiebungen erleiden, so würden bei einer starren Verbindung der Säule mit dem Träger und dem Fundamente im Säulenschafte unzulässige Biegungsbeanspruchungen entstehen. Um diese zu vermeiden, lagert man die Säule in Kopf und Fuß beweglich und nennt sie dann „Pendelsäule". Fig. 95 zeigt die schematische Anordnung einer solchen Pendelsäule und Fig. 96 die Ausführung in Gußeisen. Der Säulenschaft könnte natürlich auch aus Walzeisen bestehen.

d) Verbindungen von Trägern und Säulen.

Gehen Säulen durch mehrere Stockwerke hindurch, so ist es zweckmäßig, die obere Säule unmittelbar auf die untere aufzusetzen. Es ist aber darauf zu achten, daß ihre Längsachsen in eine Gerade fallen, damit keine exzentrische Belastung der unteren Säule stattfindet.

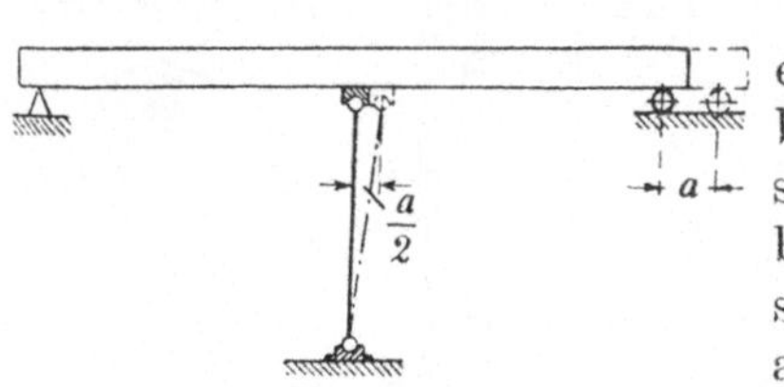

Fig. 95.

Sind Träger an einer Säule zu befestigen, so geschieht dies bei den Flußstahl-, wie auch bei den gußeisernen

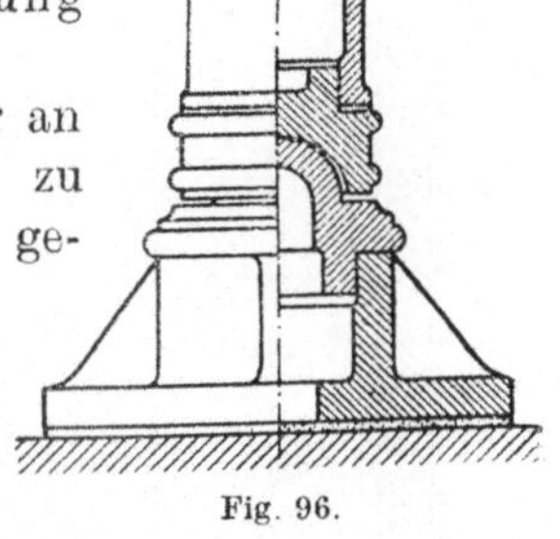

Fig. 96.

Säulen durch Auflegen des Trägers auf ein Konsol, doch ist auch hierbei darauf Rücksicht zu nehmen, daß die Belastung nicht einseitig ist, sondern daß der hervorgerufene Druck in die Schwerpunktachse der Säule fällt. Dies gilt wieder ganz besonders für Gußeisensäulen.

Fig. 91 zeigt z. B. eine durch zwei Stockwerke hindurchgehende gußeiserne Säule mit zwei I-Trägern auf seitlichen Konsolen und einem I-Träger auf dem Säulenkopfe, während in Fig. 97 das gleiche für genietete Säulen gezeigt ist. Im letzteren Falle besteht die Säule aus zwei durch beide Stockwerke in einem Stück durchgehende $\llcorner$-Eisen, die im oberen Teile durch zwei Traversen t, im

unteren Teile hingegen, dem notwendigen höheren Trägheitsmomente entsprechend, in ihrer ganzen Länge durch Bleche *b* verbunden sind. Der als Unterzug dienende untere I-Träger liegt
zwischen den beiden I-Eisen, kann also aus einem Stücke bestehen. Er ist auf seitlichen, aus zwei ⚡-Eisen gebildeten Konsolen gelagert.

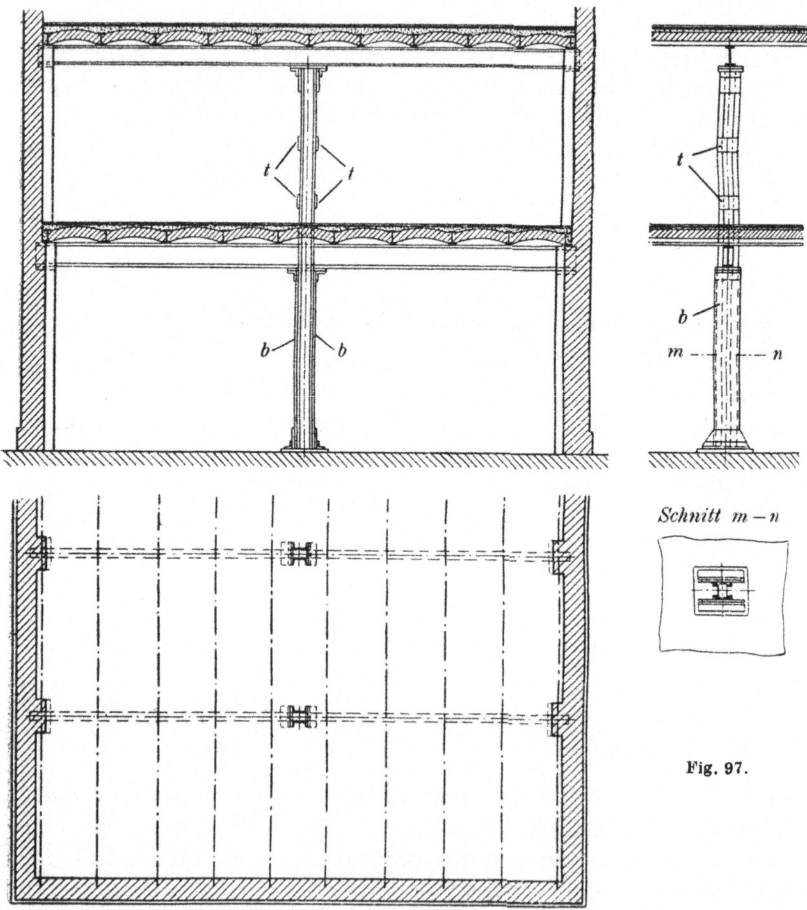

Fig. 97.

F. Deckenkonstruktionen.

Die reinen Eisenbetondecken werden erst später im Eisenbetonbau besprochen, an dieser Stelle sollen nur die Steindecken
zwischen eisernen Trägern Erwähnung finden.

Sie lassen sich in gewölbte und ebene Decken einteilen.

Alle Decken, welche nur aus Stein und Eisen bestehen, haben den Holzbalkendecken gegenüber neben größerer Tragfähigkeit bei gleicher Konstruktionshöhe den Vorteil der vollkommenen Feuersicherheit, vorausgesetzt, daß alle Eisenteile genügend ummantelt sind. Sie sind ferner dauerhafter als Holzbalkendecken, da ja Holz mannigfachen Krankheiten und Zerstörungsmöglichkeiten ausgesetzt ist, wie z. B. Schwamm, Fäule u. dgl.

Eine besonders für Fabrikgebäude, Speicher u. dgl. sehr zweckmäßige Decke zeigt Fig. 97. Sie besteht aus preußischen Kappen in Beton oder Ziegelmauerwerk zwischen I-Trägern. Letztere sind durch einen I-Träger als Unterzug gestützt und dieser wieder durch eine schmiedeeiserne Säule. Alle frei liegenden Eisenteile sind zu ummanteln. Derartige Decken sind äußerst tragfähig und fast unbegrenzt haltbar. Als Nachteil muß genannt werden, daß sie ziemlich schwer sind, daß sich an ihnen nachträgliche Arbeiten, wie Einstemmen von Löchern u. dgl. (sofern die Decken aus Beton bestehen) schwer ausführen lassen und daß sie sehr stark den Schall leiten.

Die Ausführung der preußischen Kappe ist in den Fig. 98 ÷ 100 gezeigt. Während die in Fig. 98 dargestellte Decke aus Ziegelmauerwerk mit darüber gestampftem Magerbeton und einem Zementestrich besteht, ist

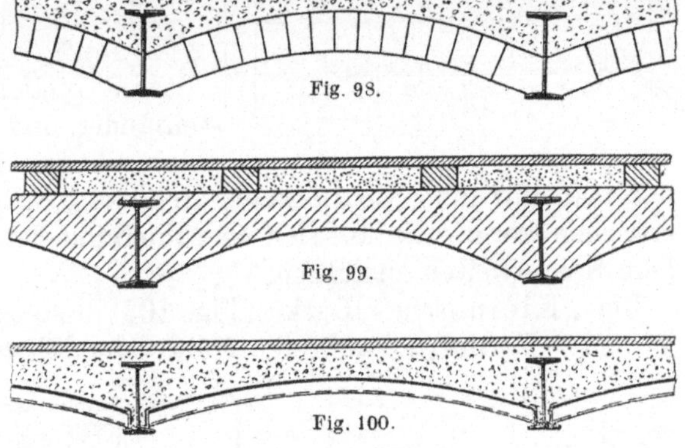

Fig. 98.

Fig. 99.

Fig. 100.

die in Fig. 99 gezeigte Decke ganz in Stampfbeton ausgeführt und trägt einen Holzfußboden mit Sandausfüllung. Hierdurch wird die Schalleitung herabgemindert und der Fußboden ist außerdem wärmer.

Die dritte Decke hat die geringste Konstruktionshöhe, weil zur Aufnahme der Belastung allein das Wellblech mit seiner geringen Bogenhöhe ausreicht. Das darüber gestampfte Füllmaterial braucht nicht wesentlich über den oberen Trägerflansch zu reichen.

Eine Decke, die eine untere ebene Begrenzung, jedoch mit starken Abrundungen (Vouten) an den Trägern und an dem Maueranschluß hat, ist die **Koenensche Voutendecke** (Fig. 101), die hier genannt ist, aber auch zu den Eisenbetondecken gerechnet werden kann, da sie Rundeiseneinlagen im Beton hat.

Von den vielen ebenen Decken aus Ziegelsteinen zwischen Trägern sollen hier nur die zwei folgenden genannt werden, nämlich die **Decke aus Förstersteinen** als Beispiel der Decken ohne Eiseneinlagen

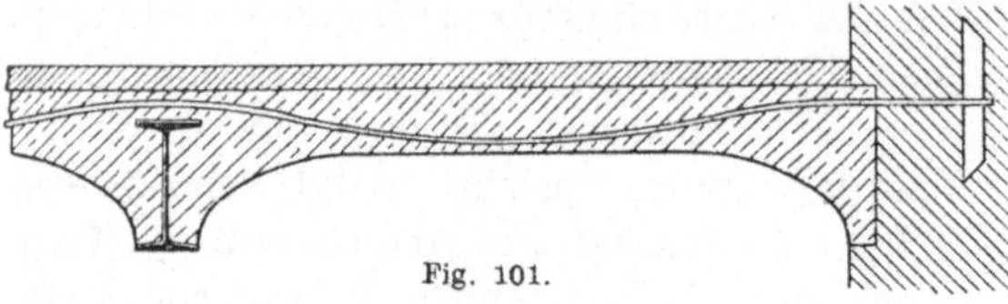

Fig. 101.

und die **Kleinesche Decke** als Beispiel der Decken mit Eiseneinlagen, die aber beide für viele Konstruktionen vorbildlich sind und von denen namentlich die letzte eine große Verbreitung gefunden hat.

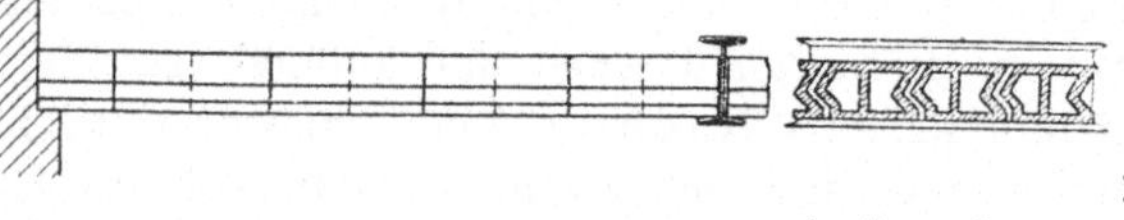

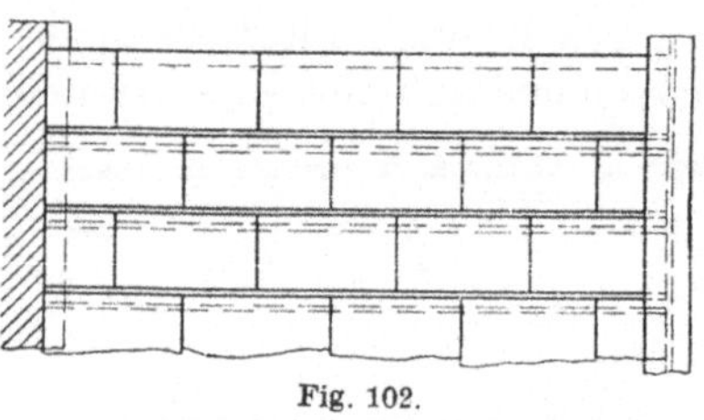

Fig. 102.

Die Decke aus „Förstersteinen" zeigt Fig. 102. Die Steine greifen hakenförmig ineinander und erhalten dadurch den nötigen Zusammenhalt, so daß man mit ihnen bei normaler Belastung Spannweiten bis 1,8 m erreichen kann. Sie läßt sich aber auch mit Eiseneinlagen für größere Spannweiten ausführen.

Die „Kleinesche" Decke (Fig. 103) besteht aus Ziegelsteinen normalen Formates, am besten Hohl- oder Schwemmsteinen (wegen des geringen Gewichtes), zwischen denen von Trägerflansch zu

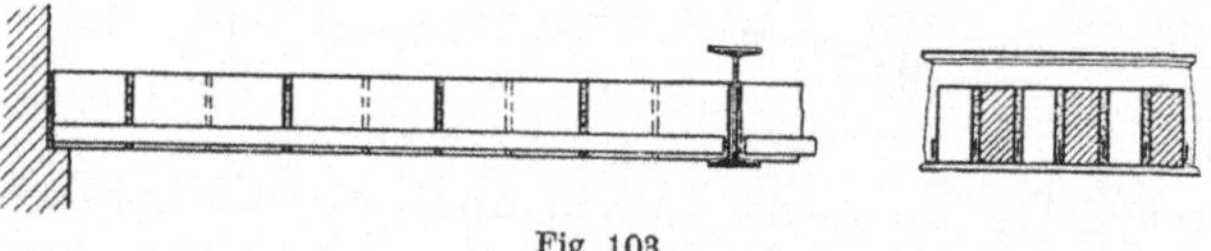

Fig. 103.

Trägerflansch hochkant gestellte Flacheisen in Betonmörtel fest eingebettet liegen, wodurch die ganze ebene Decke eine außerordentliche Festigkeit erlangt. An Stelle der Normalziegel verwendet man auch vielfach Kleinesche Spezialsteine. Die erforderlichen Eiseneinlagen müssen berechnet werden; für gewöhnliche Spannweiten und Belastung genügt jedoch Flacheisen von 25 × 1 mm.

Bei der Herstellung der Decken aus Stampfbeton braucht man ein festes Lehrgerüst, während bei den Ziegeldecken eine leichte Bretterunterlage genügt, die auf verschiedene Weise an die unteren Trägerflansche angehängt und leicht wieder entfernt werden kann.

In Fig. 104 ist noch eine **ebene Wellblechdecke** gezeigt; auch 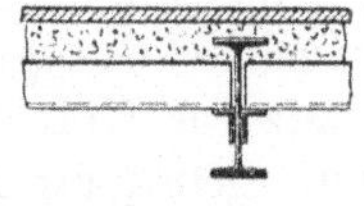 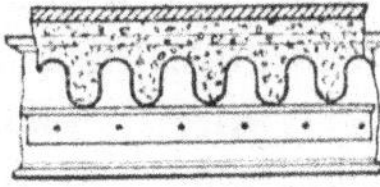

Fig. 104.

hier nimmt wieder das Trägerwellblech die gesamte Belastung auf, so daß die Decke recht flach wird.

G. Fachwerkwände.

Fachwerkwände werden sowohl in Holz, wie auch neuerdings viel in Eisen ausgeführt. Die letzteren bieten verschiedene Vorteile gegenüber anderen Wänden, die darin begründet sind, daß die Eisenkonstruktion, nicht die Ausfüllung derselben die Lasten aufnimmt. Sie können daher schwach gehalten werden und doch als tragende Mauern dienen. Ferner können z. B. Zwischenwände als Ganzes verschoben und endlich kann die Bauzeit bedeutend verkürzt werden, da man nicht auf das Erhärten von Mörtel oder Beton zu warten braucht.

Eine **Fachwerkwand** (Fig. 105) besteht aus folgenden Teilen: der Schwelle a, den Ständern oder Pfosten b, dem Rähm c, den Streben d und den Riegeln e. Alle diese Teile bestehen aus Walzeisen, die durch Verschraubung oder Vernietung miteinander verbunden sind.

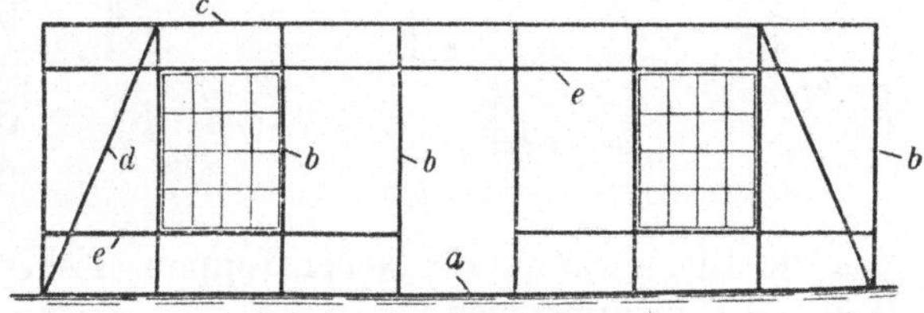

Fig. 105.

Die Wandflächen können verschieden ausgefüllt werden. Sollen sie durch Mauerwerk ausgefüllt werden, so macht man das Eisengerippe aus ⊏- oder I-Eisen (kleinstes verwendetes Profil: N. P. 12). Bei der Auskleidung mit Wellblech oder Glas ist die Verwendung von T- oder ⋊-Eisen zweckmäßiger.

H. Treppen.

Jede Treppe soll nach Möglichkeit zwei Forderungen genügen, der Sicherheit und der Bequemlichkeit.

Die Sicherheit einer Treppe, insbesondere bei Bränden, hängt von dem verwendeten Material ab. Dieses kann sein: Holz, Stein (natürlicher oder künstlicher), Eisen oder eine Vereinigung von zweien dieser Materialien. Die größte Sicherheit bietet die Steintreppe, während für Holz- und Eisentreppen bezüglich der Feuersicherheit das bereits früher Gesagte gilt.

Treppen, welche ganz aus Holz bestehen, sind sehr feuergefährlich, daher nur für untergeordnete Zwecke verwendbar; sie können hier, ebenso wie die rein steinernen Treppen nicht weiter besprochen werden. Bei weitem am häufigsten sind Treppen aus Eisen unter Verwendung von Holz oder Stein.

Die Bequemlichkeit einer Treppe hängt vor allem von der Höhe und der Auftrittsbreite der einzelnen Treppenstufen ab. (Unter Auftritt versteht man die horizontale Trittfläche einer Stufe.) Wenn b die Auftrittsbreite und s die Höhe einer Stufe (die Steigung der Treppe) bezeichnet, so gilt die Gleichung:

$$2s + b = 63 \text{ cm,}$$

wobei man zu setzen hat:

$$s = 16 \div 18 \text{ cm für Haupttreppen (Fig. 106),}$$
$$s = 19 \div 23 \text{ „ „ Nebentreppen (Fig. 107),}$$
$$s \leqq 25 \text{ „ „ leiterförmige Treppen (Fig. 108).}$$

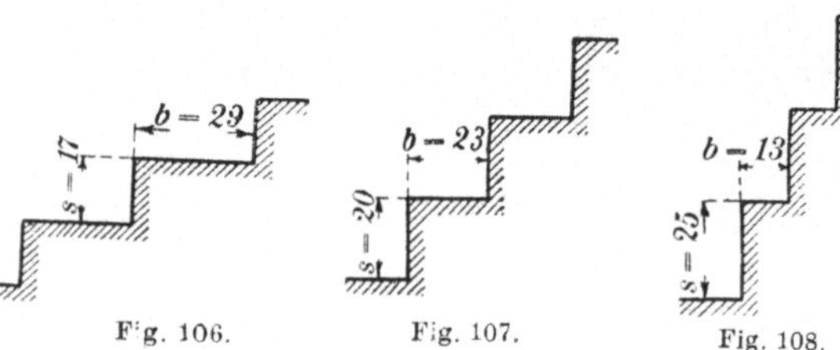

Fig. 106.   Fig. 107.   Fig. 108.

Aus der Geschoßhöhe und der gewählten Steigung berechnet man dann die Anzahl der Stufen. Die Breite der Treppen kann man für Haupttreppen zu $1,0 \div 1,5$ m, für Nebentreppen (Kellertreppen u. dgl.) zu $0,80 \div 1,0$ m annehmen.

Nach dem Grundriß der Treppen unterscheidet man:

Einarmige gerade Treppen,
Zweiarmige   „   „
Dreiarmige   „   „
Gewundene Treppen,
Wendeltreppen.

In den Fig. 109 bis 113 sind die Maße für Breite und Länge des Treppenhauses für eine gemeinsame Geschoßhöhe bei gleichen Stufenabmessungen eingetragen, so daß ein Vergleich des für die einzelnen Ausführungen nötigen Raumes möglich ist.

Die einarmigen geraden Treppen führen in gerader Richtung aufwärts; es sollen jedoch nicht mehr als 15 Stufen ohne Unterbrechung aufeinander folgen, sonst ist ein Podest dazwischen zu legen. Sie ergeben ein schmales, aber langes Treppenhaus, wie aus Fig. 109 ersichtlich ist.

Die zweiarmigen Treppen (Fig. 110) werden stets durch ein Podest unterbrochen, und zwar führt die Treppe hinter ihm um 180° nach rechts oder links gedreht weiter aufwärts.

Bei den **dreiarmigen Treppen** (Fig. 111) sind zwei Podeste mit darauf folgender Wendung der Treppe um je 90° vorhanden.

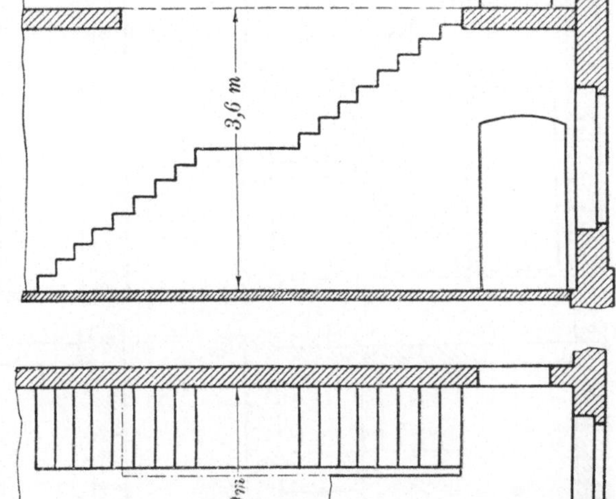

Fig. 109.

Bei den **gewundenen Treppen** wird eine Drehung um 90° oder 180° ohne Podest durch entsprechend geformte Stufen erreicht (Fig. 112), während sich die **Wendeltreppe** (Fig. 113) in ununterbrochener Drehung um eine Achse herum von einem Stockwerk zum anderen erstreckt.

Aus vorstehenden Fig. 109 bis 113 ist zu ersehen, daß, abgesehen von der nur in selteneren Fällen verwendbaren Wendeltreppe, die zweiarmige gewundene Treppe (Fig. 112) die geringste Grundfläche beansprucht. Man findet sie deshalb auch vielfach da, wo man weniger Rücksicht auf Bequemlichkeit, als auf gute Raumausnützung legt.

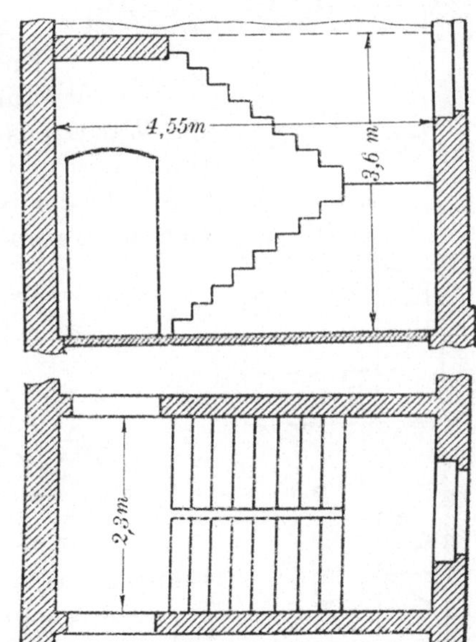

Fig. 110.

Die einzelnen **Teile einer Treppe** sind: die Stufen a, die Wangen b, die Geländer c und die Podeste d (Fig. 114).

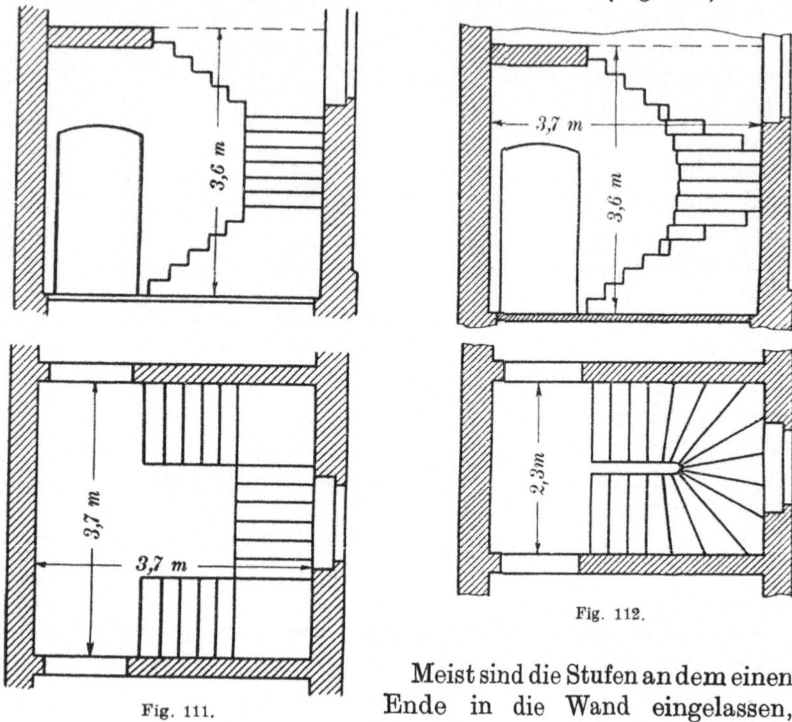

Fig. 111.

Fig. 112.

Meist sind die Stufen an dem einen Ende in die Wand eingelassen, während das andere Ende durch eine Wange aus einem I- oder ⌐-Eisen gestützt wird. Liegen die Wangen ganz unterhalb der Stufen, so nennt man die Treppe „aufgesattelt",

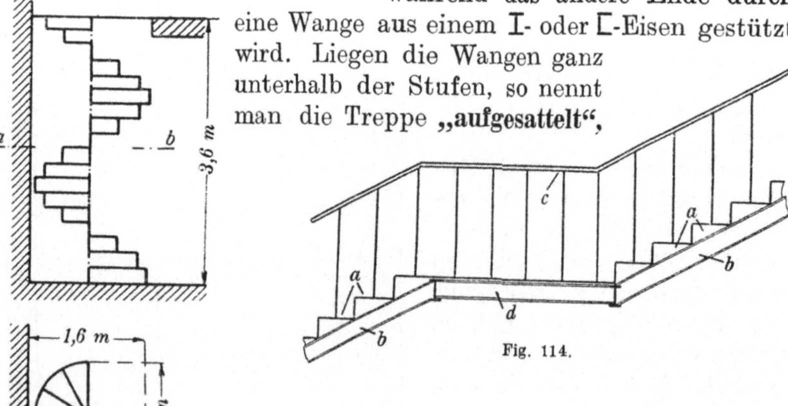

Fig. 113.

Fig. 114.

während man sie als eine „eingeschobene" Treppe bezeichnet, wenn die Stufen in gleicher Höhe mit der Wange liegen.

Die **Geländer** setzen sich aus den Pfosten

und den **Handleisten** zusammen und können nach Belieben aus
Holz oder Eisen ausgeführt werden.

Die **Podeste** ruhen auf den Podestträgern und können, ebenso wie
die **Stufen**, aus Holz, Stein oder Eisen bestehen.

Die einfachste Treppenform in Eisenausführung ist in den Fig. 115
und 116 dargestellt. In beiden Fällen sind als tragende Wangen

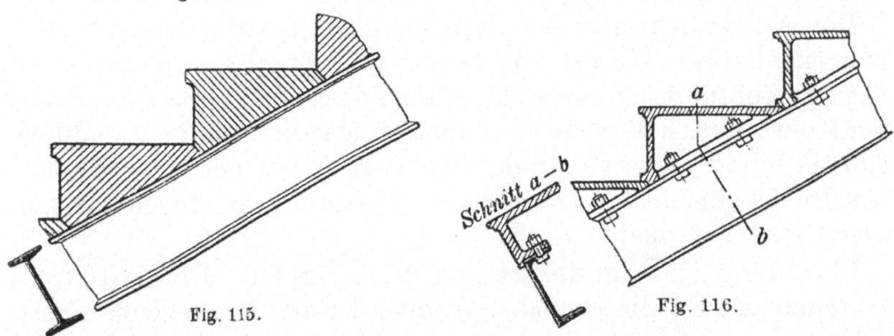

Fig. 115.   Fig. 116.

Walzeisen (⊏- oder I-Träger) verwendet. Die Stufen sind entweder
massive Steinstufen, sog. **Blockstufen** (Fig. 115), die ohne weitere
Befestigung auf dem oberen Flansche des Walzeisens verlegt werden und nur in die Wand eingemauert sind, oder gußeiserne nach
Fig. 116, die mit je zwei Schrauben auf jedem oberen Wangen-
flansch befestigt sind. Beide Formen gehören zu den „**aufgesattel-
ten Treppen**".

Eine **eingeschobene Treppe** mit Trägerwangen ist in Fig. 117
gezeigt. Hier sind als senkrechte „Setzstufen" Blechstreifen mit
zwei Versteifungs-⋊-Eisen verwendet, auf die sich hölzerne Trittstufen legen.

Ebenfalls eingeschoben ist die in Fig. 118 dargestellte reine
Flußstahl-Treppe. Die Wangen bestehen hier nicht aus vollen Walz-

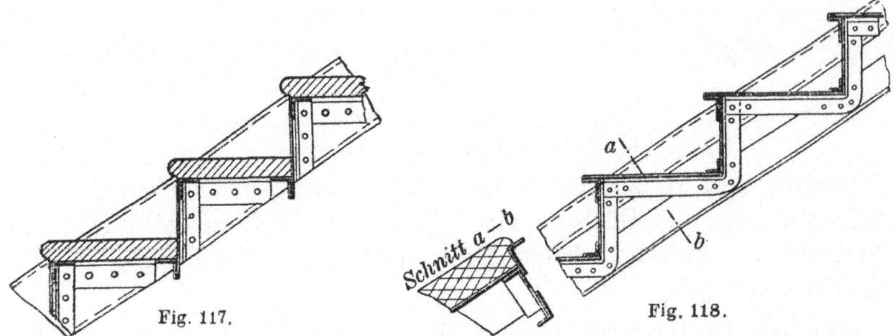

Fig. 117.   Fig. 118.

sen, sondern aus Fachwerkträgern, die aus zwei ⋊-Eisen als
Gurtung und den Befestigungswinkeln der Stufen mit den Wangen
als Diagonalen gebildet werden. Die **Trittstufen** bestehen aus

Riffelblech. Sie findet viel Verwendung für Fabrikgebäude, Speicher u. dgl.

Zwei weitere Treppenausführungen sind im Abschnitt „Eisenbetonbau" besprochen.

Die Wendeltreppen dienen zur unmittelbaren Verbindung zweier übereinanderliegender Räume in verschiedenen Stockwerken.

Die Ausführung dieser Treppen kann derartig erfolgen, daß man eine äußere Wange aus Blech oder Flacheisen schraubenförmig hochführt und sie die Hauptlast tragen läßt. Bei einer anderen Konstruktion übertragen die Setzstufen selbst die Last dadurch, daß sie mittels einer an ihrem inneren Ende fest mit ihr verbundenen Büchse der Reihe nach auf eine Spindel (Gasrohr oder Rundeisen) gesteckt sind.

Eine derartige Wendeltreppe zeigt Fig. 119. Die Trittstufen bestehen aus Riffelblech und sind mit jeder darunterliegenden Setzstufe durch einen Geländerpfosten und mittels diagonaler Versteifungs-Flacheisen fest verbunden. Die Setzstufen bestehen aus Blechstreifen, die mit den Trittstufen durch X-Eisen verbunden sind.

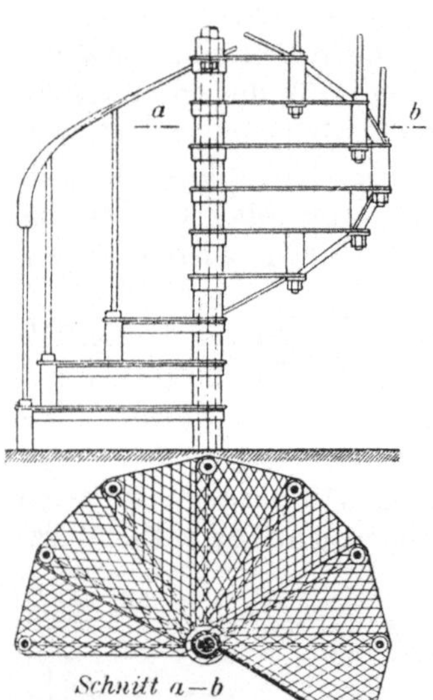

Fig. 119.

J. Dächer.

Eiserne Dächer haben vor den hölzernen den Vorteil, daß man mit ihnen durch leichte Konstruktionen große Spannweiten freitragend überdecken kann.

Ein Dach (Fig. 120) setzt sich zusammen aus der Dachdeckung a (auch Dachhaut genannt), den Sparren b, den Pfetten c, den Bindern d und dem Windverbande e.

Die Sparren und Pfetten, die bei Verwendung von Holz einen rechteckigen Querschnitt haben, werden bei rein eisernen Dächern aus L-, C- oder I-Eisen gebildet. Die Verbindung zwischen beiden geschieht durch Vernietung mittels X-Eisenstücken.

Der Windverband wird aus X-Eisen oder Flacheisen hergestellt; er liegt in der Ebene der oberen Bindergurtung.

Im folgenden soll das Wichtigste von den Einzelheiten der Dächer besprochen werden.

a) Die Dachformen.

Die Wahl der Dachform ist teils von praktischen, teils von architektonischen Rücksichten abhängig. Von den vielen Dachformen, die sowohl für sich allein, als auch in zusammengesetzten Dächern Verwendung finden, seien hier nur folgende genannt:

Das Satteldach (Fig. 121) wird meist mit gleicher Neigung der beiden Dachflächen ausgeführt.

Das Pultdach (Fig. 122) kann als die Hälfte eines Satteldaches aufgefaßt werden. Es findet besonders bei Seitenflügeln und sonstigen angebauten kleinen Häusern Verwendung.

Das Säge- oder Sheddach kann nach Fig. 123 oder nach Fig. 124 ausgeführt werden. Es dient viel zum Überdecken ausgedehnter Fabrikgebäude, die durch die steilen Dachflächen ihr Licht erhalten.

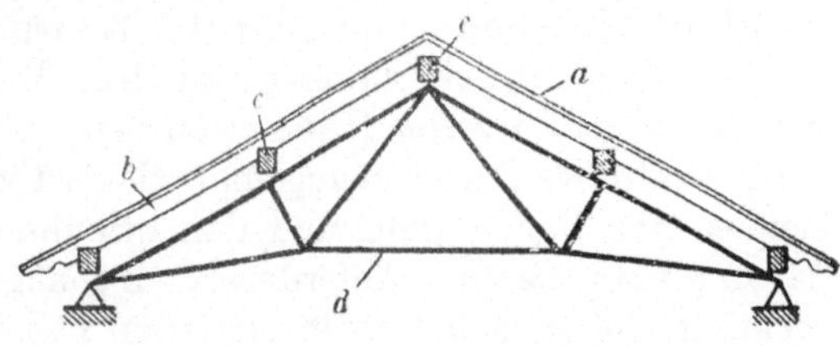

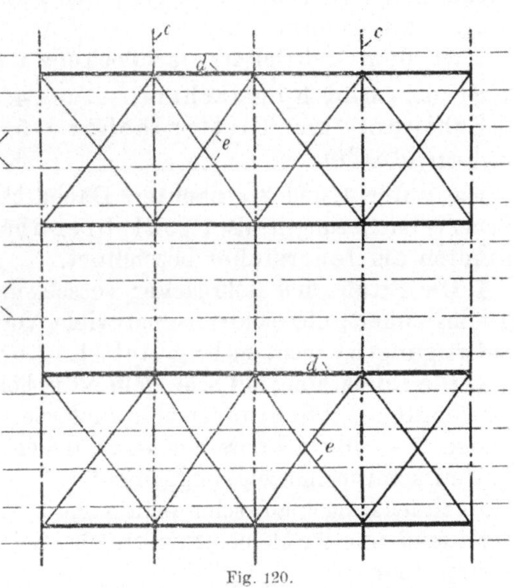

Fig. 120.

Fig. 121.

Fig. 122.

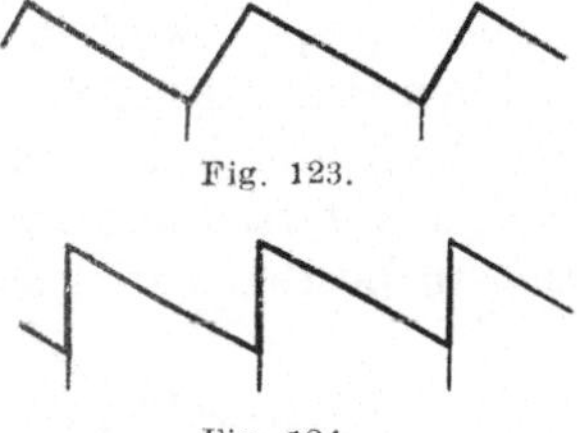

Fig. 123.

Fig. 124.

Das flache Dach gestattet eine gute Ausnutzung der Bodenräume, was besonders für Wohnhäuser von Wichtigkeit ist, weshalb es auch die in Städten am meisten verwendete Dachform bildet.

b) Die Dachdeckungen.

Die Anforderungen, die man an eine zweckmäßige Dachdeckung stellt, sind folgende: Wetterbeständigkeit, Wasserdichtigkeit, Feuersicherheit, Wärmeundurchlässigkeit, möglichst geringes Eigengewicht, Billigkeit und leichte Ausführbarkeit von Reparaturen.

Die Wahl des Dachdeckungsmaterials ist von dem Zwecke des Gebäudes, der Dachneigung und den erlaubten Baukosten abhängig. Allen oben genannten Anforderungen genügt wohl kaum eine Dachdeckung und es muß deshalb für jeden Fall die am besten geeignete ausgewählt werden.

Nach dem **Material der Dachdeckung** unterscheidet man:

1. Stroh- und Rohrdächer
2. Schindel- und Bretterdächer
3. Pappdächer
4. Holzzementdächer
5. Steindächer
6. Metalldächer.

Die unter 1 und 2 genannten Dachdeckungen werden von den Feuerversicherungen als leicht brennbar, die unter 3 ÷ 6 genannten als feuersicher bezeichnet.

1. Die Stroh- und Rohrdächer verschwinden wegen ihrer Feuergefährlichkeit, obgleich sie sonst viele Vorzüge haben. Ihre Neuanfertigung ist nicht mehr gestattet.

2. Die Eindeckung mit Schindeln ist in holzreichen Gegenden noch sehr häufig. Die Schindeln sind kieferne Brettchen von 30 ÷ 50 cm Länge, 7 ÷ 10 cm Breite und etwa 0,8 cm Dicke. Sie werden auf Latten schuppenförmig aufgenagelt.

Dachdeckungen aus schuppenförmig aufeinander gelegten Brettern sind nur für kleine provisorische Gebäude (Baubuden u. dgl.) verwendbar.

3. Eine für schwach geneigte Dächer sehr viel gebrauchte **Eindeckung** ist die **mit Dachpappe.** Sie ist leicht, billig und bei richtiger Behandlung lange haltbar.

Dachpappe wird in Rollen von 1 m Breite, 50 ÷ 60 m Länge und in verschiedener Stärke geliefert. Sie soll beim Umbiegen nicht brechen und kein Wasser aufnehmen.

Man unterscheidet zwei Arten von Eindeckung. Die einfachste besteht darin, daß die einzelnen Pappbahnen parallel zur Firstlinie verlegt werden (Fig. 125). Sie überdecken sich 5 ÷ 8 cm und werden mit breitköpfigen Nägeln auf die Dachverschalung aufgenagelt.

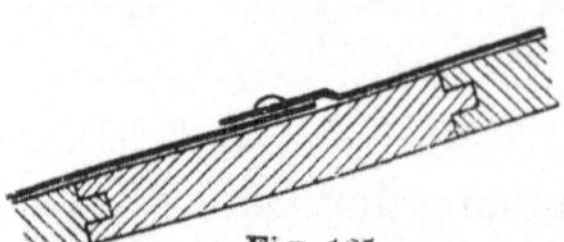

Fig. 125

Eine andere Eindeckung besteht darin, daß man die Pappbahnen senkrecht zur Firstlinie verlegt.

Die Kanten werden dann auf dreieckigen Leisten befestigt, entweder nach Fig. 126 mit einem Deckstreifen oder nach Fig. 127. Bisweilen werden auch zwei Lagen Pappe mit versetzten Kanten aufeinander verlegt; die obere Lage wird dabei mit Teer auf die untere aufgeklebt.

Fig. 126.

Fig. 127.

Nach Fertigstellung der Pappdeckung wird die ganze Fläche mit heißem Teer gestrichen und mit trocknem Sande übersiebt. Wird dieser Anstrich etwa alle drei Jahre erneuert, so hat ein solches Pappdach eine lange Lebensdauer.

4. Eine etwas teuere, aber sehr haltbare Eindeckung ist die **Dachdeckung mit Holzzement.** Sie wird folgendermaßen ausgeführt: Auf die Dachschalung kommt eine Lage Pappe oder starkes Rollenpapier. Hierauf wird der erwärmte Holzzement, eine Mischung von Teer, Pech, Schwefel u. dgl. aufgestrichen, auf ihn wieder eine Lage Papier gedrückt und dies fortgesetzt, bis vier Lagen Papier mit Holzzement dazwischen aufgebracht sind. Auf die oberste Lage Papier kommt noch einmal ein Anstrich von Holzzement, hierauf eine etwa 2 cm starke Sandschicht und zu oberst eine mindestens 5 cm starke Kiesschicht. Durch diese Schüttung wird das Dach sehr schwer, wie aus der zum Schlusse folgenden Tabelle der Eigengewichte von Dachdeckungen ersichtlich ist.

5. Die Steindächer können als Ziegel- oder Schieferdächer ausgeführt werden.

Für die **Ziegeldächer** kommen drei Arten von Dachziegeln zur Verwendung:

Flachziegel (Dachzungen oder Biberschwänze) Fig. 128. Hohlziegel (Dachpfannen) Fig. 129. Falzziegel Fig. 130.

Mit Dachzungen werden drei Arten von Dachdeckungen ausgeführt:

Das Spließdach (Fig. 131 links), bei dem sich die Ziegel um reichlich $^1/_3$ ihrer Länge überdecken. Die Latten, auf welche die Dachzungen mit ihrer „Nase" aufgehängt werden, haben dabei 20 cm Abstand voneinander. Da bei diesem Dache nicht alle Stellen ganz wasser-

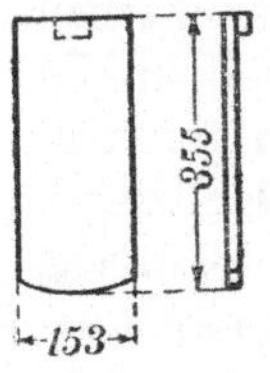
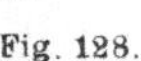

Fig. 128.

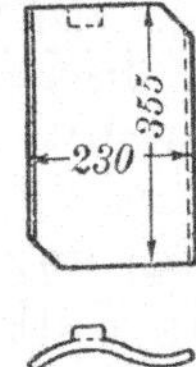

Fig. 129.

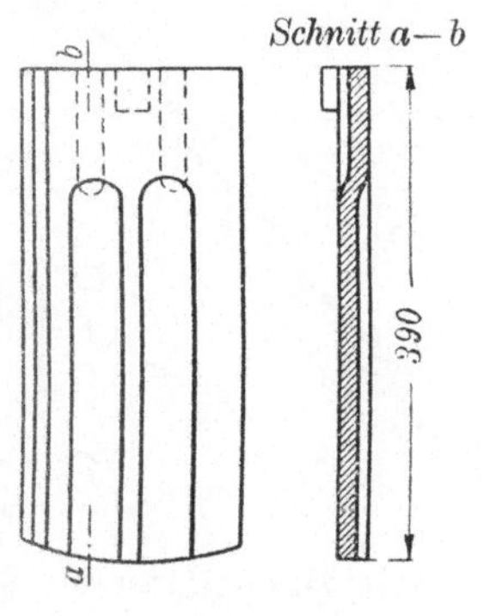

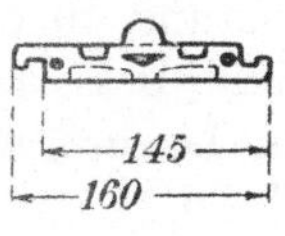

Fig. 130.

dicht sind, so legt man unter die Fugen „Spließe“, d. h. Holzleisten von ca. 5 cm Breite, die auch durch Dachpapp- oder Zinkblechstreifen ersetzt werden können.

Das Doppeldach (Fig. 131 rechts). Die Latten haben bei ihm nur 15 cm Abstand voneinander, weshalb die Dachziegel sich überall doppelt überdecken, so daß das Dach vollständig wasserdicht ist. Es wird aber recht schwer und vor allem sind Ausbesserungen schwierig, da die Ziegel von der schadhaften Stelle bis zum First ab

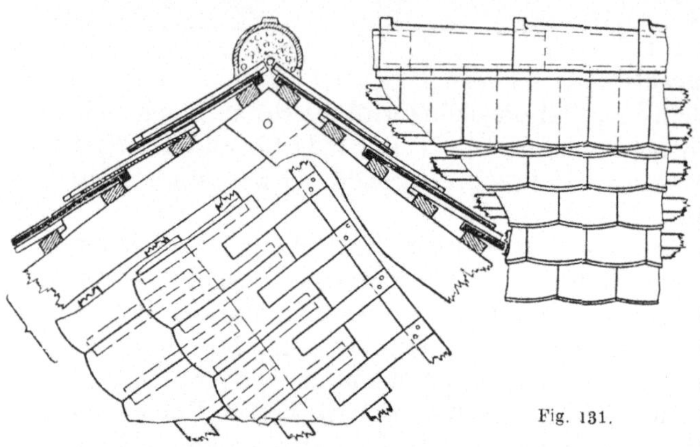

Fig. 131.

genommen werden müssen. Fig. 131 zeigt auch die Abdeckung des Firstes mit Firstziegeln, die sich teilweise überdecken und innen mit Kalkmörtel ausgefüllt werden.

Das Kronen- oder Ritterdach (Fig. 132). Die Latten sind 25 cm voneinander entfernt, doch hängen auf jeder Latte zwei Ziegel übereinander. Das Dach ist dicht, aber sehr schwer. Ausbesserungen sind leicht ausführbar.

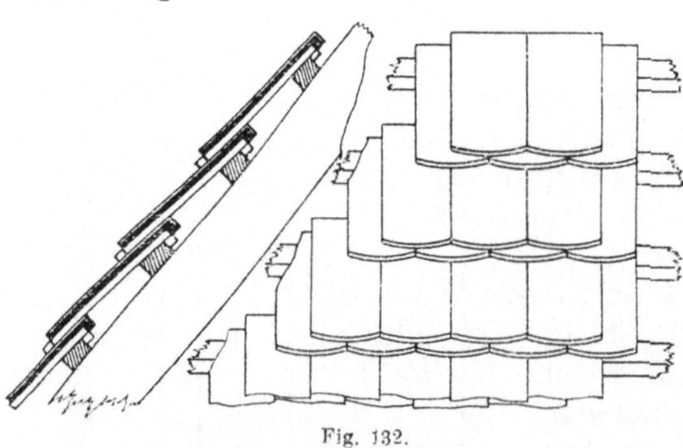

Fig. 132.

Von den Hohlziegeln werden die Mönch- und Nonnenziegel kaum noch verwendet, da sie schwer und teuer sind. Bei mittelalterlichen Bauten sind sie aber noch viel zu finden. Dagegen deckt man Dächer noch häufig

mit **Dachpfannen.** Sie werden ebenfalls auf Latten aufgehängt, deren Abstand 10 cm kleiner ist als die Länge der Dachziegel, damit sich diese genügend überdecken. Die Fugen des fertig verlegten Daches werden von unten mit Kalkmörtel ausgestrichen.

Die mit **Falzziegeln** gedeckten Dächer (Fig. 133) sind leicht, auch in einfachen Lagen durchaus wasserdicht und sowohl bequem zu verlegen wie auch auszubessern.

Die Ziegel werden auf Latten aufgehängt, deren Abstand sich wieder nach der Länge der Ziegel richtet und für den gezeichneten Falzziegel z. B. etwa 30 cm betragen würde. Wegen ihrer Vorteile werden Falzziegeldächer in neuerer Zeit viel ausgeführt.

Fig. 133.

Der zum Dachdecken verwendete Schiefer hat eine Dicke von 4 bis 6 mm. Er soll nicht abblättern, wenig Wasser aufnehmen und beim Anschlagen mit dem Hammer einen hellen Klang geben.

Man unterscheidet zwei Arten der Schieferdeckung, die deutsche und die englische. Bei ersterer werden Platten von etwa 30 cm Länge trapezförmig zugehauen und in schräg zur Firstlinie ansteigenden Reihen auf die Schalung genagelt, so daß sich die Platten etwa 6 cm überdecken. Eine Schieferplatte darf aber nicht auf zwei Schalbretter genagelt werden, damit sie nicht beim Quellen und nachfolgendem Trocknen des Holzes zerreißt. In ähnlicher Weise geschieht die Eindeckung mit Schablonenschiefer, der in verschiedenen Formen und Größen geliefert wird.

Die englische Schieferdeckung erfolgt meist auf Latten, auf welche die rechteckigen Schiefertafeln so aufgenagelt werden, daß sie überall mindestens doppelt liegen. Die Nagelstellen sind durch die darüber liegenden Tafeln verdeckt. Die Schieferreihen liegen parallel zur Firstlinie.

6. Die Metalldächer werden hauptsächlich in Kupfer-, Zink- und Wellblech ausgeführt.

Die Kupferdeckung ist die teuerste, aber auch die dauerhafteste Dachdeckung. Man verwendet für sie Kupferblech von $0{,}5 \div 1{,}0$ mm Dicke in Tafeln von etwa $1{,}0 \times 2{,}0$ m Größe. Die einzelnen Tafeln werden ineinander gefalzt, damit sie sich bei Temperaturschwankungen ausdehnen und zusammenziehen können. Kupfer überzieht sich unter der Einwirkung der Atmosphäre mit einer Schicht von grüner „Patina" (basisch kohlensaurem Kupfer), welche das darunter liegende Kupfer vor weiterer Verwitterung schützt. Wegen des hohen Preises werden Kupferdächer nur für Monumentalbauten (Kirchen, Paläste u. dgl.) verwendet.

Billiger und deshalb auch für Wohnhäuser u. dgl. ausgeführt wird die Deckung mit **Zinkblech,** das in ganz gleicher Weise wie das

Kupferblech verlegt wird, d. h. mit Falz (stehendem oder liegendem) auf einer Bretterschalung.

Wellblechdächer aus verzinktem oder mit Ölfarbe gestrichenem
Eisenwellblech werden für Speicher, Schuppen u. dgl. verwendet.

Allen Metalldeckungen haftet als gemeinsamer Nachteil eine zu
gute Wärmeleitung an, was sie zum Überdecken von Wohn-
räumen ungeeignet macht.

Nachstehend ist das **Eigengewicht der wichtigsten Dachdeckungen**
einschl. Sparren und Latten oder Schalung für 1 qm Dachfläche angegeben:

Schindeldach . . .	35 kg/qm	Pfannendach .	85÷100 kg/qm[1])
Einfaches Pappdach	35 „	Falzziegeldach . .	65 „
Doppeltes „	55 „	Engl. Schieferdach	45÷55 „
Holzzementdach mit		Deutsches „	60÷65 „
Kiesschüttung .	180 „	Kupferdach	40 „
Spließdach . . .	75÷85 „ [1])	Zinkdach	40 „
Doppeldach .	95÷115 „ [1])	Wellblechdach auf	
Kronendach	105÷130 „ [1])	⊥-Eisen	25 „

c) Die Oberlichter.

Unter Oberlichtern versteht man den Ersatz der Dachdek-
kung durch Glasflächen, die eine gute Beleuchtung des darunter liegenden Raumes ermöglichen und deshalb hauptsächlich in
Fabriken u. dgl. verwendet werden. Sie sind nicht mit Oberlichtfen-
stern zu verwechseln, welche gewöhnlich zum Öffnen eingerichtet
sind und deshalb besondere Rahmen haben müssen, während die
Oberlicht-Glastafeln unbeweglich auf den „Sprossen" befestigt sind.

Die Anordnung der Glasflächen kann auf folgende Arten erfolgen:

1. Die Glasfläche fällt mit der übrigen Dachfläche
zusammen. Diese Anordnung ist nur für stark geneigte Dächer
zu empfehlen, da sonst leicht eine Verdunkelung durch anhaftenden
Schnee, Staub u. dgl. eintritt.

2. Die Glasfläche erhebt sich über die eigentliche
Dachfläche. Das Oberlicht kann dabei entweder als Dach mit
stärkerer Neigung ausgeführt
werden (Fig. 134) oder es ist eine
„Laterne" aufgesetzt (Fig. 135).
Im letzteren Falle können die vertikalen Flächen der Laterne entweder ganz verglast werden oder

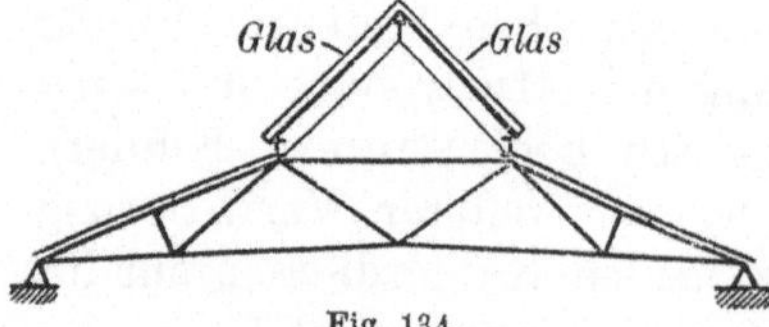

Fig. 134.

---

1) Die höheren Zahlen gelten für die sog. böhmische Deckung in voller
Mörtelbettung (s. auch amtl. Bestimmungen, Fußnote S. 1).

man ordnet, wie in Fig. 135, abwechselnd Fenster und Jalousien an, wodurch dann auch für eine gute Entlüftung des darunter liegenden Raumes ge-

sorgt ist, je-
doch ist ein Dichthalten der Jalousien schwierig.

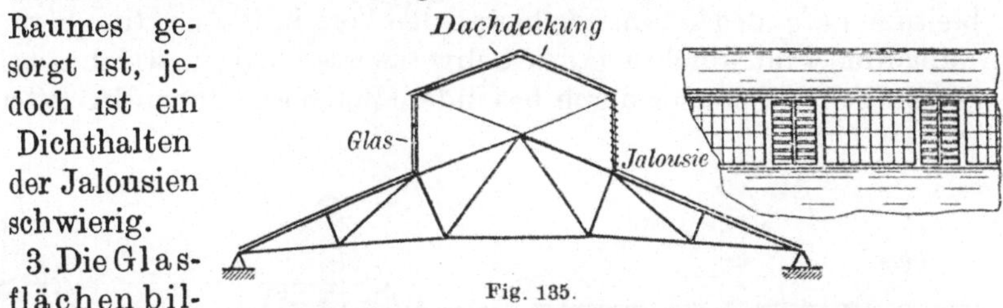

Fig. 135.

3. Die Glas-flächen bil-den die steilere Seite eines Sheddaches (Fig. 136).

Das für Oberlichter verwendete **Glas** ist:

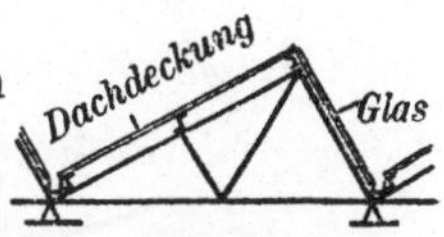

Geblasenes Rohglas in Stärken von 3 ÷ 5 mm
Gegossenes   „   „   „   „ 6 ÷ 12 „
Drahtglas   „   „   „ 5 ÷ 10 „

Fig. 136.

Das letztere ist gegossenes Rohglas mit einer Drahtnetzeinlage von 1 mm Drahtstärke. Infolge seiner höheren Tragfähigkeit kann man hierbei größere Tafeln verwenden und somit an Sprosseneisen sparen. Drahtglas bleibt ferner bei Bränden bis kurz vor dem Schmelzpunkt dicht, ohne zu springen und fällt nach dem Bruche nicht auseinander.

Gegossenes Rohglas kann glatt oder auch gerippt hergestellt werden.

Zu erwähnen sind ferner noch die **Luxfer-Glasprismen** (Fig. 137), die eine gute Verteilung des Lichtes über große Flächen er-

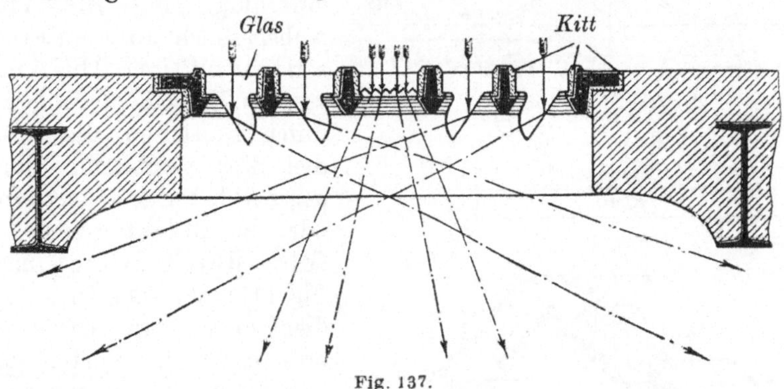

Fig. 137.

möglichen. Sie dienen zur Erleuchtung von Kellern und sonstigen Räumen, bei denen sich Fenster in genügender Größe nicht anbringen lassen.

Die zur **Lagerung der Glastafeln** verwendeten Sprosseneisen sind entweder ⋉-Eisen oder ∟-Eisen (Fig. 138), oder nur für diesen

Zweck gewalzte Sprosseneisen, von denen die im Walzwerk L. Mann-
städt & Co. in Kalk bei Köln hergestellten (Fig. 139÷141) große Verbreitung gefunden haben. Sie bieten den Vorteil, daß sie Rinnen zur
Aufnahme und Abführung des Schwitzwassers haben, welches bei
gewöhnlichen Sprossen durch besondere Zinkblechrinnen abgeleitet
werden muß.

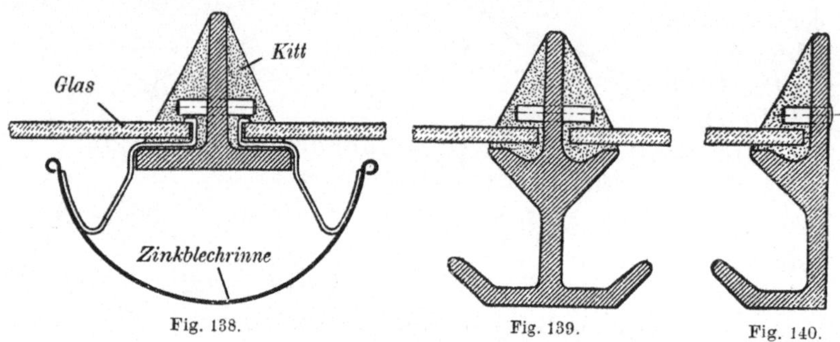

Fig. 138.   Fig. 139.   Fig. 140.

Die Höhe der Oberlichtflächen hängt von der Tragfähigkeit
der Sprosseneisen ab, welche wegen sicherer Ableitung des Schwitzwassers zweckmäßig nur an ihren Enden gelagert werden können.
Die in den Figuren 139÷141 dargestellten Sprosseneisen sind erheblich tragfähiger als ⊥-Eisen, daher auch für höhere Glasflächen verwendbar.

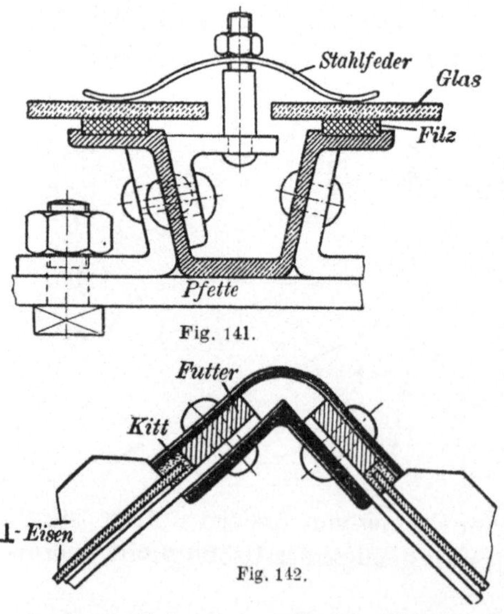

Fig. 141.

Fig. 142.

Das Glas wird auf den
Sprossen entweder mit Kitt
befestigt (Fig. 138÷140),
wobei es nicht auf dem Eisen,
sondern auf einer 2 bis 5 mm
starken Kittschicht ruht und
durch Rundeisen, die durch
den Steg geschlagen sind,
gegen Abheben gesichert wird,
oder die Befestigung er-
folgt durch Bügel nach
Fig. 141; als weiche Unterlage
dient dabei Filz. Diese Anordnung hat den Vorteil, daß
sich die Glastafeln frei ausdehnen und zusammenziehen
können. Die Glasflächen erhalten in jedem Falle eine
geringe Neigung nach den Sprossen hin, damit das entstehende
Schwitzwasser zusammenlaufen und abgeführt werden kann.

In Fig. 142 ist noch die Verbindung der als Sprossen dienenden ⌐-Eisen mit dem Firstwinkeleisen gezeigt. Die Stege der ⌐-Eisen sind so weit abgehauen, daß ein um 90° gebogenes Eisen- oder besser Kupferblech über die oberste Kante der Glastafeln hinweggreift, so daß diese mit Kitt gut abgedichtet werden können.

d) Die Binder.

Die Dachbinder übertragen die gesamte Last des Daches auf die Seitenmauern und müssen deshalb als Träger ausgebildet sein. Sie werden als **Gitterträger** konstruiert; die Entfernung der Knotenpunkte der oberen Gurtung beträgt $2{,}5 \div 4$ m; die Anzahl dieser Knotenpunkte bedingt die Anzahl der Gitterstäbe eines Binders. Die Entfernung der Binder voneinander beträgt $3 \div 6$ m.

Da die Pfetten stets so angeordnet sind, daß sie auf Knotenpunkten der oberen Gurtung ruhen — nicht zwischen diesen — so werden sämtliche Stäbe der Binder auf Zug oder Druck bzw. Knicken, **nicht** aber auf Biegung beansprucht. Die Länge der gedrückten Stäbe ist möglichst zu beschränken und alle gedrückten Stäbe sind auch auf Knicken zu berechnen.

Als **Belastung eines Daches** sind in Rechnung zu ziehen:

1. Die ständige Last, die aus dem Eigengewicht der Dachdeckung einschl. Sparren und Pfetten, dem Eigengewicht der Binder nebst Windverband und sonstigen an den Bindern hängenden Lasten besteht.

2. Die Schneelast, die bei wagerechten Flächen zu mindestens 75 kg/qm anzunehmen ist. Bei geneigten Dachflächen kann die Schneelast geringer angenommen werden. Bezeichnet α den Neigungswinkel gegen die Wagerechte, so ist die auf 1 qm der wagerechten Projektion einer Dachfläche entfallende Schneelast S mindestens nach folgender Tabelle zu bemessen:

$$\alpha = 20° \quad 25° \quad 30° \quad 35° \quad 40° \quad 45° \quad > 45°$$
$$S = 75 \quad 70 \quad 65 \quad 60 \quad 55 \quad 50 \quad \quad 0 \text{ kg/qm.}$$

Zwischenwerte sind geradlinig einzuschalten.

3. Der Winddruck. Die Windrichtung kann im allgemeinen wagerecht angenommen werden.

Bezeichnet w_0 den Winddruck auf 1 qm einer zur Windrichtung senkrecht stehenden ebenen Fläche F, so ist bei beliebigem Anfallswinkel α der auf F entfallende senkrecht zu ihr wirkende Winddruck mit $W = w_0 \cdot F \cdot \sin^2 \alpha$ in Rechnung zu stellen.

Für w_0 gelten folgende Werte:

a) Wandteile bis 15 m Höhe . . . . $w_0 = 100$ kg/qm
b) Wandteile in der Höhe von $15 \div 25$ m und
　　Dächer in weniger als 25 m Höhe . . . $w_0 = 125$ „
c) Über 25 m hoch liegende Wandteile und
　　Dächer, Eisengitterwerk, Holzgerüste und
　　Masten . . . . $w_0 = 150$ „

In den folgenden Figuren sind einige der häufigsten Dachbinder skizziert.

Fig. 143 zeigt einen **einfachen Dreiecksbinder** für geringe Spannweiten. Er hat nur drei Knotenpunkte und kann nur drei Pfetten, eine First- und zwei Fußpfetten aufnehmen. Die Vertikale hat nur das Gewicht der unteren Gurtung zu tragen, ihre Spannung nimmt nicht zu, wenn die Zugspannung der unteren Gurtung wächst.

Bei dem in Fig. 144 skizzierten Binder, dem sog. **deutschen Dachstuhle,** zählt auch die Vertikale zu den beanspruchten Stäben. Hier nimmt die Obergurtung fünf Pfetten auf und erhält daher fünf Knotenpunkte. Als besonderes Kennzeichen dieser Binderform gilt noch, daß sie für ihre fünf Pfettenknotenpunkte nur fünf Gitterstäbe mit nur einem Knotenpunkte hat, wogegen der in Fig. 145 dar-

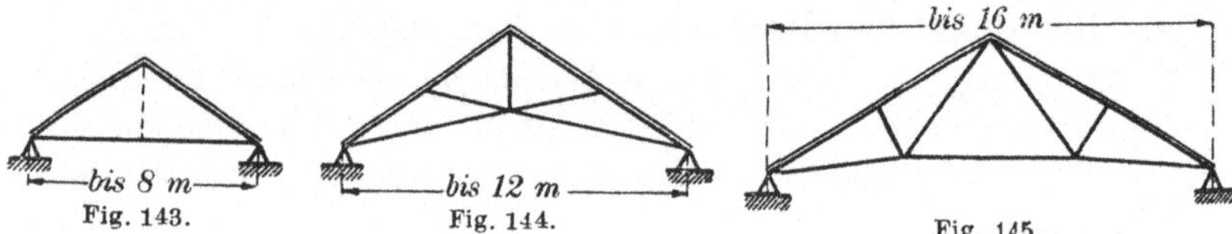

Fig. 143.　　　　　Fig. 144.　　　　　Fig. 145.

gestellte **französische Dachbinder,** der sog. einfache Polonçeauträger, für seine fünf Pfettenknotenpunkte sieben Gitterstäbe und zwei besondere Knotenpunkte für das Gittersystem beansprucht. In der Herstellung ist daher der deutsche Dachstuhl einfacher und billiger, dagegen läßt sich der französische leichter und für das Auge gefälliger gestalten, da man (besonders bei mehr flachen Dächern) hier die unteren Gurtungsstäbe nicht nur horizontal, sondern sogar nach der Mitte zu abfallend verlegen kann, wodurch die Spannungen und damit die Stabquerschnitte bedeutend vermindert werden. Das einfache Polonçeaudach besteht aus zwei schrägstehenden, einfach armierten Trägern mit horizontaler Verbindungsstange.

Das doppelte oder zusammengesetzte Polonçeaudach (Fig. 146) besteht aus zwei dreifach armierten Trägern mit wagerechter Zugstange. Es hat auf jeder Hälfte drei Knotenpunkte für Zwischenpfetten, so daß im ganzen neun Pfetten vorhanden sind. Dieser Binder kann daher bis zu 32 m Spannweite Verwendung finden.

Bei dem nach Fig. 147 konstruierten Binder (**englischer Dach-stuhl**) ist die Trägerform nicht von der Anzahl der Pfetten abhängig. Ihm ähnlich sind die in den Fig. 148 und 149 dargestellten Dachbinder, nur daß bei letzterem die unter den Pfetten befindlichen Druckstäbe nicht lotrecht stehen, sondern rechtwinklig zur oberen Gurtung angeordnet sind.

In Fig. 150 ist ein **Binder** gezeigt, bei dem beide Hälften **aus schräggestellten angenäherten Parallelträgern** bestehen, welche (ähnlich wie beim Polonçeauträger) durch eine horizontale Zugstange verbunden sind. Da bei derartigen Bindern ungefähr gleiche Spannungen in den einzelnen Feldern einer Gurtung entstehen, so kann man diese aus Walzeisen gleicher Profilnummer herstellen.

Der in Fig. 151 dargestellte **Sichelträger** eignet sich besonders als Binder für eine Dachbedeckung aus Eisenbeton, gewölbtem („bom-

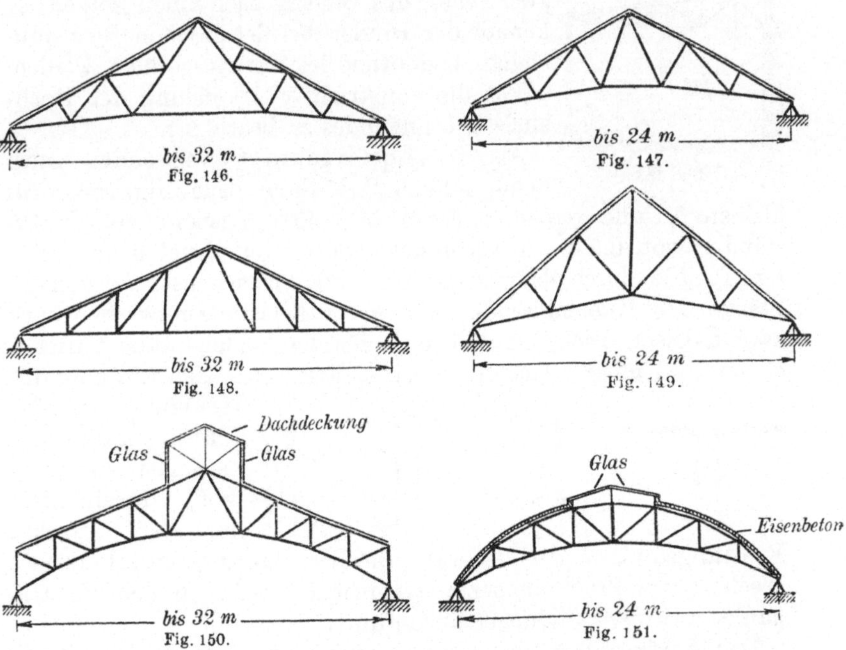

biertem“) Wellblech oder dgl., da er eine zylinderförmige Gestaltung der Dachhaut ermöglicht. Auch lassen sich bei ihm gut Oberlichter anbringen, weshalb er oft für Hallenbauten Verwendung findet.

Pultdächer haben nur einseitige Neigung und können sowohl beiderseits auf ungleich hohen Mauern aufstehen, als auch an einer nach oben durchgehenden Wand angehängt sein. Man nennt sie im letzteren Falle **Kragdächer,** auch **Konsoldächer,** und führt sie bei nicht allzu großer Ausladung ohne Unterstützung am freien Ende aus. Sie sind dann unmittelbar an der Wand befestigt, die natürlich stark genug sein muß, um den entstehenden Horizontalzug aufnehmen zu können.

In Fig. 152 ist der Binder für ein **freitragendes Kragdach** von etwa 4,5 m Ausladung gezeigt. Er kann zwei Mittelpfetten, eine Wand- und eine Außenpfette aufnehmen, so daß Felder von etwa 1,5 m Spannweite entstehen. Der horizontale Zug der oberen Gurtung wird hier durch einen Anker in die Mauer übertragen, während sich die untere Gurtung auf einen Mauervorsprung stützt.

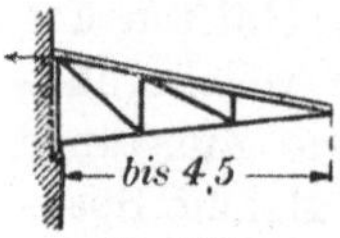

Fig. 152.

Das in Fig. 153 veranschaulichte Pultdach ist am äußeren Ende durch eine Säule getragen. Würde man diese — falls die räumlichen Verhältnisse es zulassen — um ein oder zwei Felder des Binders nach innen setzen, so könnte der Binder, bei der gleichen Beanspruchung, bedeutend leichter ausgeführt werden.

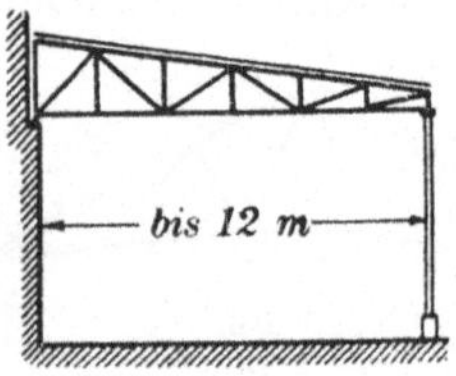

Für die **konstruktive Ausbildung der Dachbinder** ist folgendes zu beachten:

Als Stabquerschnitt verwendet man hauptsächlich 2 ⋉-Eisen nach Fig. 154. Als kleinste Profile werden ⋉-Eisen 45 × 45 × 5 genommen. In Abständen von 0,5 ÷ 1 m verbindet man die auf Druck beanspruchten Profile durch dazwischen genietete Flacheisenstücke von der Stärke des Knotenbleches. Für große Belastungen werden auch zwei ⊏-Eisen nach Fig. 155 und für die Füllungsstäbe zwischen oberer und unterer Gurtung zwei ⋉-Eisen nach Fig. 156 oder 157 verwendet. In den Gurtungen läßt man möglichst ein Stabprofil durchlaufen; nur bei starken

Fig. 153.

Fig. 154.   Fig. 155.   Fig. 156.   Fig. 157.

Richtungsänderungen oder wenn die Berechnung einen erheblichen Wechsel der Profilnummer nötig macht, werden in den Knotenpunkten Stoßverbindungen ausgeführt.

Das Aufzeichnen der Knotenpunkte wird zweckmäßig in folgender Reihenfolge vorgenommen:

Zuerst zeichnet man die Netzlinien auf, die sich in einem Punkte schneiden müssen. Dann werden die Stabprofile eingezeichnet. Bei ⋉-Eisen bis 90 × 90 × 9 legt man der Einfachheit wegen die Nietrißlinie mit der Netzlinie zusammen, bei größeren Profilen müssen Netzlinie und Schwerpunktslinie des Profileisens zusammenfallen. Zuerst zeichnet man die Gurtungen, dann die Füllungsstäbe ein. Die Stäbe sind möglichst dicht aneinander zu führen. Nun werden die der Stärke nach gewählten und der Anzahl nach berechneten Niete eingezeichnet, wobei auf Innehaltung des Randabstandes und der Teilung (s. Nietverbindungen) zu achten ist. Bei der Berechnung der Anschlußniete für durchlaufende Gurtungsstäbe an das Knotenblech ist als Kraft P die Mittelkraft aus den Kräften in den Füllungsstäben in Rechnung zu setzen. Jeder Stab muß mit mindestens zwei Nieten an das Knotenblech angeschlossen werden. Um nicht die zulässige Teilung zu überschreiten, sind oft mehr Niete in einen Stab zu setzen, als der Rechnung nach erforderlich wäre.

Zum Schluß werden die Umrisse der Knotenbleche gezeichnet, wobei wiederum auf Innehaltung der Randabstände zu achten ist. Die Knotenbleche erhalten je nach der Größe und Belastung des Binders $8 \div 14$ mm Stärke. Sie sind so klein wie möglich zu halten und so zu begrenzen, daß unnötige Schnitte vermieden werden und daß möglichst wenig Abfälle beim Zuschneiden entstehen (s. auch Beispiel, Fig. 161).

In den Fig. $158 \div 161$ sind die **Ermittlung der Stabkräfte** und die **konstruktive Ausbildung eines Dachbinders** gezeigt. Als Belastungen sind eingesetzt:

1. Senkrechte Lasten:

Gewicht der Dachdeckung einschl. Schalung und
Sparren . . . . 65 kg/qm
Schneelast bei $22^0\,30'$ Dachneigung . . . . 72,5 „
Eigengewicht des Binders und der Pfetten (geschätzt) 20,5 „

zusammen 158 kg/qm.

Als Entfernung der Binder voneinander sind 4 m angenommen. Da der Abstand der Knotenpunkte der oberen Gurtung 2,7 m beträgt, ergibt sich als Belastung eines Knotenpunktes:

$$4 \cdot 2,7 \cdot 158 = 17\,064 \text{ kg} = \sim 1,7 \text{ t.}$$

Die untersten Knotenpunkte der oberen Gurtung sind nur mit:

$$4 \cdot 1,35 \cdot 158 = 8532 \text{ kg} = \sim 0,85 \text{ t}$$

belastet.

2. Winddruck:

$$W = 125 \cdot \sin^2 22^0\,30' = 125 \cdot 0,147 = 18,375 \text{ kg/qm}$$

Winddruck auf einen Knotenpunkt:

$$18,375 \cdot 4 \cdot 2,7 = \sim 200 \text{ kg} = 0,2 \text{ t.}$$

Der unterste und der oberste Knotenpunkt ist nur mit:

$$18,375 \cdot 4 \cdot 1,35 = \sim 100 \text{ kg} = 0,1 \text{ t}$$

belastet.

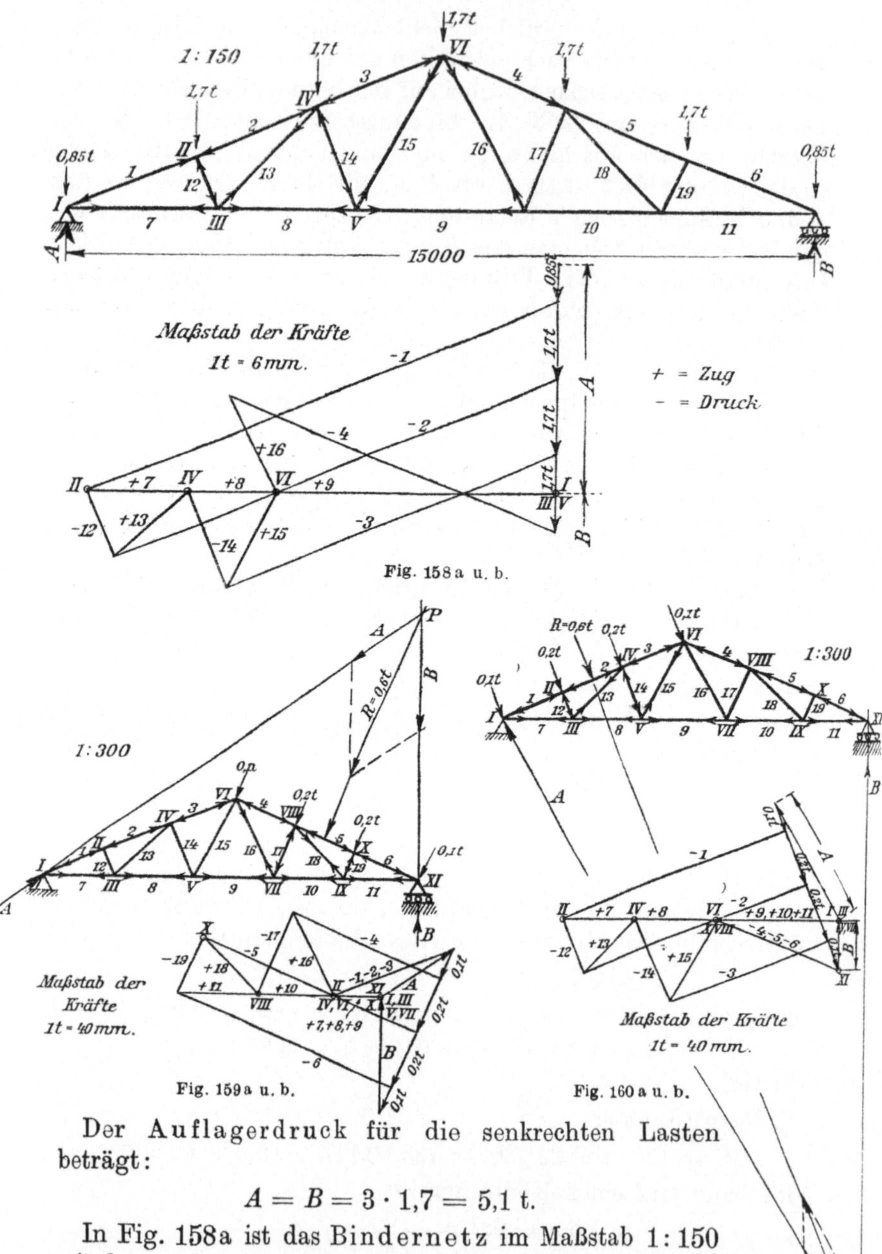

Fig. 158a u. b.

Fig. 159a u. b.   Fig. 160a u. b.

Der Auflagerdruck für die senkrechten Lasten beträgt:

$$A = B = 3 \cdot 1,7 = 5,1 \text{ t}.$$

In Fig. 158a ist das Bindernetz im Maßstab 1:150 mit den senkrechten Lasten gezeichnet, in Fig. 158b der dazu gehörige Cremonasche Kräfteplan. Der Maßstab der Kräfte ist 1 t = 6 mm. Man beginnt mit Knotenpunkt I,

Stabtabelle.

Stab-Nr.	Spannung in t durch: senkrechte Lasten	Winddruck von rechts	Winddruck von links	Größte Stabspannung in t	Gewähltes Profil	Querschnittsfläche mit Nietabzug in qcm	Zugbeanspruchung in kg/qcm	Knicklänge in m	Trägheitsmoment in cm⁴ Erforderlich $J = 1{,}97 \cdot P \cdot l^2$	Vorhanden
1	−11,25	−0,43	−0,79	−12,04					173	
2	−10,60	−0,43	−0,79	−11,39					164	
3	− 8,00	−0,43	−0,55	− 8,55	2 ∠-Eisen 80×80×10			2,7	123	175
4	− 8,00	−0,55	−0,43	− 8,55					123	
5	−10,60	−0,79	−0,43	−11,39					164	
6	−11,25	−0,79	−0,43	−12,04					173	
7	+10,42	+0,17	+0,92	+11,34	2 ∠-Eisen 50×50×7	11,16	1016			
8	+ 8,30	+0,17	+0,66	+ 8,96			803			
9	+ 6,25	+0,17	+0,40	+ 6,65			596			
10	+ 8,30	+0,43	+0,40	− 8,73			782			
11	+10,42	+0,69	+0,40	+11,11			995			
12	− 1,60	——	−0,20	− 1,80	2 ∠-Eisen 45×45×5	7,20	320	1,12	4,4	15,7
13	+ 2,04	——	+0,26	+ 2,30						
14	− 2,34	——	−0,30	− 2,64	2 ∠-Eisen 50×50×7			2,24	26	29,1
15	+ 2,45	——	+0,31	+ 2,76	2 ∠-Eisen 45×45×5	7,20	383			
16	+ 2,45	+0,31	——	+ 2,76						
17	− 2,34	−0,30	——	− 2,64	2 ∠-Eisen 50×50×7			2,24	26	29,1
18	+ 2,04	+0,26	——	+ 2,30	2 ∠-Eisen 45×45×5	7,20	320			
19	− 1,60	−0,20	——	− 1,80				1,12	4,4	15,7

indem durch einen kreisförmig geführten Schnitt erst die bekannten Kräfte $A = 5{,}1$ t, Knotenpunktlast 0,85 t, dann die unbekannten Stabkräfte 1 und 7 geschnitten werden. Im Kräfteplan ist der Anfang jedes Kräftezuges durch einen kleinen Kreis mit der Nummer des Knotenpunktes gekennzeichnet. Jeder Kräftezug muß eine in sich geschlossene Figur ergeben. Die sich aus dem Kräftezug ergebende Richtung der Kraft trägt man in das Bindernetz ein, wobei zu beachten ist, daß ein auf den Knotenpunkt hinzeigender Pfeil eine Druckkraft, ein vom Knotenpunkt wegzeigender Pfeil eine Zugkraft bedeutet. Im Kräfteplan selbst sind die Pfeile nicht eingezeichnet, sondern die Zugkräfte durch +, die Druckkräfte durch — gekennzeichnet. Es folgen nun die Knotenpunkte II ÷ VI, wobei stets erst die bekannten, dann die unbekannten Kräfte zu schneiden sind. Weiter braucht

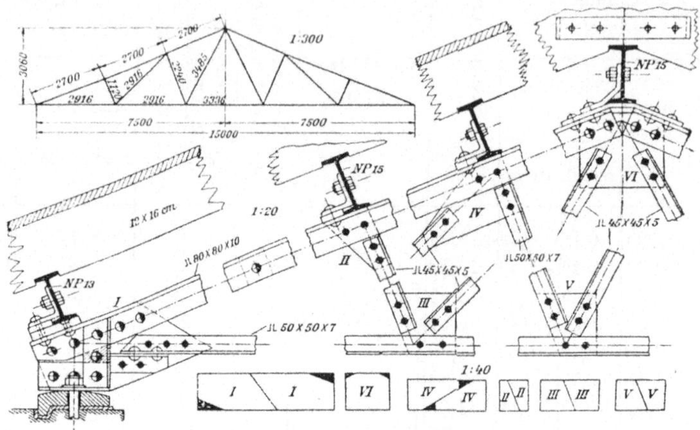

Fig. 161a u. b.

der Kräfteplan nicht gezeichnet zu werden, da der übrige Teil das Spiegelbild des vorhandenen ergeben würde. Es ist also Stabkraft 1 = Stabkraft 6, Stabkraft 7 = Stabkraft 11 usw.

In Fig. 159a ist das **Bindernetz** im Maßstab 1:300 **mit Winddruck von rechts** gezeichnet. Die auf den Knotenpunkten VI, VIII, X und XI ruhenden Windlasten sind zu der Resultierenden R = 0,6 t zusammengesetzt. Das Auflager bei B ist beweglich angenommen, kann also nur senkrechte Kräfte übertragen. An äußeren Kräften sind die Resultierende R, ferner die Auflagerdrucke A und B vorhanden. Da Gleichgewicht vorhanden ist, müssen sich die äußeren Kräfte in einem Punkte P schneiden. Man erhält daraus die **Richtung des Auflagerdruckes** A. Zerlegt man ferner R in Richtung von A und B, so ist dadurch auch die **Größe** der **Auflagerdrucke** gefunden.

Nun wird in Fig. 159b in gleicher Weise wie vorher der **Cremona**sche **Kräfteplan**, von Knotenpunkt I anfangend, gezeichnet. Vorher ist zu überlegen, welche **Stäbe spannungslos sind.** Nach Regel 2 (S. 47) gilt dies für Stab 12 in Knotenpunkt II. Ist dieser spannungslos, so muß es auch Stab 13 in Knotenpunkt III sein, da ja Stab 12 als nicht vorhanden anzusehen ist. Das gleiche gilt für Stab 14 in Knotenpunkt IV und Stab 15 in Knotenpunkt V. Nunmehr bietet das Aufzeichnen des Kräfteplanes keine Schwierigkeiten mehr. Es ist darauf zu achten, daß die äußeren Kräfte A, B und die Windlasten einen in sich geschlossenen Kräftezug ergeben.

In Fig. 160a ist das Bindernetz für Winddruck von links gezeichnet, sowie die Ermittlung der Auflagerdrucke A und B durchgeführt. Der Cremonasche Kräfteplan (Fig. 160b) ist wiederum von Knotenpunkt I anfangend aufgezeichnet. Nach der gleichen Regel 2 (S. 47) werden hier die Stäbe 16, 17, 18 und 19 spannungslos.

In der Stabtabelle sind die aus den Cremonaschen Kräfteplänen abgegriffenen und in Tonnen umgerechneten Stabspannungen zusammengestellt. Zu der Spannung durch die senkrechten Lasten wird jedesmal die größte vom Winddruck herrührende Spannung addiert und die so erhaltene größte Stabkraft für die Ausrechnung der erforderlichen Profile benutzt.

Bei den auf Zug beanspruchten Stäben ist die Schwächung der Querschnittfläche durch ein Nietloch zu berücksichtigen, bei den auf Druck beanspruchten Stäben ist dies nicht erforderlich. Letztere sind nach der Eulerschen Gleichung:

$$J_{\text{erf}} = 1{,}97 \cdot P \cdot l^2$$

berechnet. Für den am stärksten belasteten Obergurtstab 1 soll die Nachprüfung nach dem ω-Verfahren durchgeführt werden.

Es ist:

$$P = 12{,}04 \text{ t} = 12040 \text{ kg}$$
$$l = 2{,}7 \text{ m}.$$

Der Stab besteht aus zwei $\angle$-Eisen $80 \times 80 \times 10$. Für diese ist das kleinste Trägheitsmoment $J = 2 \cdot 87{,}5 = 175 \text{ cm}^4$, die Querschnittsfläche $F = 2 \cdot 15{,}1 = 30{,}2 \text{ qcm}$.

Also wird:

$$i = \sqrt{\frac{175}{30{,}2}} = 2{,}41 \text{ cm}$$

$$\lambda = \frac{270}{2{,}41} = 112$$

$$\omega = 2{,}97.$$

$$\frac{P \cdot \omega}{F} = \frac{12040 \cdot 2{,}97}{30{,}2} = \sim 1180 \text{ kg/qcm (zulässig)}.$$

In Fig. 161 ist die konstruktive Ausbildung des Binders gezeigt. Im Maßstab 1 : 300 ist noch einmal das Bindernetz gezeichnet, und es sind die genauen Stablängen eingeschrieben. Dann ist der Binder im Maßstab 1 : 20 gezeichnet, wobei die Knotenpunkte zusammengerückt sind. Die Knotenbleche sind im Maßstab 1 : 40 herausgezeichnet. Es ist besonderer Wert darauf gelegt, daß sich die Bleche ohne viel Abfälle mit wenigen Schnitten herstellen lassen. (Die schwarz angelegten Ecken sind Abfälle.) Beim Untergurtstab des Fußknotenpunktes I sind auch die freien Schenkel durch Winkeleisenstücke an das Knotenblech angeschlossen, um eine unnötige

Länge desselben zu vermeiden. Außerdem sind zur Versteifung zwei senkrecht stehende Winkeleisen angenietet. Das schraffierte Stück bezeichnet ein untergelegtes Futterblech. Die Nietdurchmesser betragen 14 und 17 mm. Als Pfetten sind I-Träger NP 15 verwendet; die **Fußpfette** ist nur halb so stark belastet, wie die andern, daher genügt NP 13. Die Sparren bestehen aus Holzbalken 12×16 cm.

VI. Der Eisenbetonbau.
A. Die Wirkungsweise des Eisenbetons.

Unter Eisenbeton versteht man Körper aus Beton mit Eiseneinlagen, welche derartig angeordnet sind, daß die entstehenden Konstruktionen nicht nur auf Druck, wie die reinen Betonkonstruktionen, sondern auch auf Biegung bzw. Knickung beansprucht werden können.

Beton hat eine Druckfestigkeit von $K = 160 \div 250$ kg/qcm, die mit dem Alter zunimmt und bis auf 500 kg/qcm steigen kann, seine Zugfestigkeit jedoch ist gering und beträgt nur $^1/_{10}$ seiner Druckfestigkeit, nämlich $K = 16 \div 25$ kg/qcm bzw. 50 kg/qcm. Neuerdings werden auch hochwertige Zementsorten verwendet, die Beton mit höheren Festigkeitszahlen ergeben. Das eingelegte Eisen (Stahl) hat hingegen eine hohe Zugfestigkeit, nämlich $K = 3700 \div 5800$ kg/qcm, und so ergänzen sich die beiden Stoffe Beton und Eisen in ihren Eigenschaften. Notwendig ist dabei nur, daß das Eisen stets in der Zugzone der betreffenden Konstruktion liegt, damit es auch richtig zur Wirkung kommt und daß beide Stoffe fest aneinander haften. Letzteres ist im vollsten Maße der Fall, denn Versuche haben gezeigt, daß die Adhäsion zwischen Eisen und Beton groß genug ist, um ein Gleiten oder Loslösen der Eiseneinlagen — auch wenn diese aus glattem Rundeisen bestehen — im Beton zu verhindern.

Es ist ferner zu bemerken, daß das Eisen, wie bereits früher erwähnt wurde, im Beton vollkommen gegen Rosten geschützt ist, so daß die Haltbarkeit der Eisenbetonkonstruktionen eine fast unbegrenzte ist.

Die Berechnung der Eisenbetonkonstruktionen erfolgt unter der Annahme, daß in der Zugzone nur das eingelegte Eisen Kräfte überträgt, während in der Druckzone Beton und Eisen die Kräfte aufnehmen.[1]

---

[1] In den „Bestimmungen des Deutschen Ausschusses für Eisenbeton, September 1925" (Wilh. Ernst u. Sohn, Berlin) sind genaue Angaben über die allgemeinen Vorschriften sowie die Konstruktionsgrundsätze und Leit-

B. Die Baumaterialien.

a) Der Beton.

Unter **Zementbeton,** oder auch kurz Beton, versteht man eine innige Mischung von Zement, Sand, Kies und bisweilen auch Steingrus, d. h. Steinkleinschlag zwischen etwa 5 und 25 mm Korngröße, mit der erforderlichen Wassermenge.

Je nach der Herstellung unterscheidet man Schüttbeton und Stampfbeton. Der **erstere** wird angewendet, wenn unter Wasser betoniert werden muß, oder wenn bei Landbauten der Andrang des Grundwassers die Trockenlegung der Baugrube verhindert. Bei Schüttbeton wird die Betonmasse in die, meist durch Spundwände begrenzte Baugrube geschüttet, wobei die Lagerung der einzelnen Teile nur durch ihr Eigengewicht erfolgt. Das Einfüllen in die Baugrube geschieht bei Betonierungen unter Wasser durch Trichter, die bis dicht an den Baugrund reichen.

Bei Trockenbetonierung verwendet man im allgemeinen den **Stampfbeton,** der in „erdfeuchtem“ Zustande in Schichten von höchstens 15 cm aufgebracht und durch Stampfen verdichtet wird.

Der am häufigsten benutzte Zement ist der Portlandzement, der hauptsächlich aus Kalk und kieselsaurer Tonerde besteht und für den die „Deutschen Normen für einheitliche Lieferung und Prüfung von Portlandzement und von Eisen-Portlandzement“, 5. Auflage 1924, maßgebend sind.

Er wird teils in der erforderlichen Zusammensetzung gefunden, teils künstlich gemischt, bis zur Sinterung gebrannt und bis zur Staubfeinheit gemahlen. Je höher der Gehalt an kieselsaurer Tonerde ist, um so langsamer bindet der Zement und um so größer wird seine Festigkeit.

Ferner wird Eisenportlandzement aus mindestens 70 % Portlandzement und höchstens 30 % gekörnter Hochofenschlacke verarbeitet.

Aus manchen Hochofenschlacken läßt sich auch ein Zement herstellen, der dann unter dem Namen Hochofenzement in den Handel kommt. Für ihn gelten die „Deutschen Normen für einheitliche Lieferung und Prüfung von Hochofenzement“ mit Runderlaß vom 22. November 1917.

Der verwendete **Sand** soll möglichst rein sein, vor allem keine erdi-

---

sätze für .die statische Berechnung von Bauteilen aus Eisenbeton enthalten. Ferner sind darin zusammengestellt: Bestimmungen für Ausführung ebener Steindecken, Bestimmungen für Ausführung von Bauwerken aus Beton und Bestimmungen für Druckversuche an Würfeln bei Ausführung von Bauwerken aus Beton und Eisenbeton. Auch die zulässigen Beanspruchungen der Baustoffe sind aus diesen Bestimmungen zu ersehen.

gen (Humus-)Beimengungen haben. Eine Mischung recht verschiedener· Korngrößen ist zweckmäßig; scharfkantige Sandkörner sind besser als runde. Das gleiche gilt vom **Kies** und auch vom Steingrus, der aus hartem, wetterfestem Gestein hergestellt sein soll.

Das verwendete **Wasser** muß ebenfalls rein, besonders aber frei von Säuren, Salzen, Fetten u. dgl. sein. Auch ist zu prüfen, ob das Grundwasser keine derartigen schädigenden Beimengungen enthält, vor allem keine Säuren. Schwefelsäure z. B., die bisweilen in ganz schwacher Verdünnung im Grundwasser vorhanden ist, zersetzt den Beton; es bildet sich Gips, und die Masse verliert die notwendige Festigkeit.

Die **Herstellung des Betons** soll sehr sorgfältig erfolgen. Das gewünschte Mischungsverhältnis (Zement: Zuschlägen), das zwischen 1 : 3 bis 1 : 6 schwankt und am häufigsten 1 : 4 beträgt, muß sorgfältig innegehalten werden. Ebenso darf das Durchfeuchten nicht willkürlich geschehen. Das Mischen kann von Hand oder als Maschinenmischung ausgeführt werden. Bei der Handmischung darf höchstens 1 cbm Beton auf einmal hergestellt und die Masse muß aufs sorgfältigste umgeschaufelt werden, damit alle Sandkörner von Zement umhüllt sind. Bei umfangreichen Betonarbeiten ist die Benutzung von Beton-Mischmaschinen bei weitem vorzuziehen, da man mit ihnen ein stets gleichmäßiges, aufs beste durchgearbeitetes Gemisch erhält.

b) Die Eiseneinlagen.

Das Eisen muß den Mindestforderungen genügen, die in den Normalbedingungen für die Lieferung von Eisenbauwerken, Normalblatt 1000 des Normenausschusses der Deutschen Industrie, enthalten sind.

Zu den Eiseneinlagen verwendet man vor allem Rundeisen von verschiedenen Durchmessern. Auch Kahneisen (Fig. 162) findet

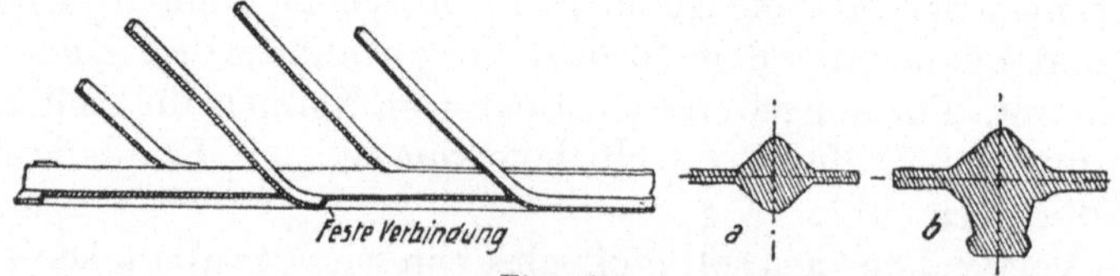

Fig. 162.

oft Anwendung, da bei ihm gleich Bügel angewalzt sind, die unter 45° abgebogen werden. Ebenso läßt sich bisweilen Streckmetall (Fig. 163) vorteilhaft verwenden. Bei schweren Konstruktionen werden auch Profileisen in den Beton eingelegt.

Das Eisen soll eine möglichst reine Oberfläche haben, vor

allem muß es frei von Schmutz, losem Rost und Fett sein, da sonst die notwendige Adhäsion zwischen Eisen und Beton nicht erzielt wird. Festsitzender Rost schadet nichts.

Beim Einlegen des Eisens muß sorg- 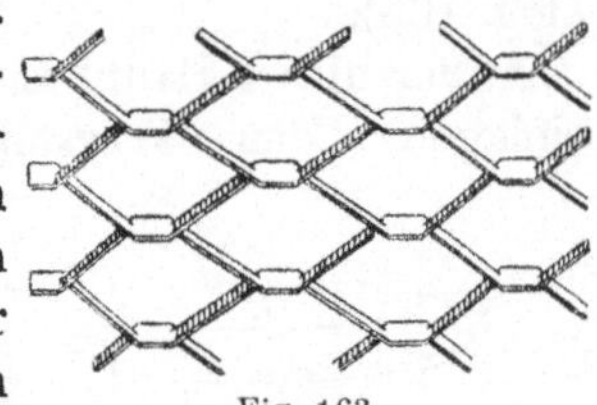 fältig darauf Rücksicht genommen wer- den, daß sich die Eiseneinlagen beim Stampfen des Betons nicht verschieben können, was man durch Verbinden der einzelnen Stäbe mittels Draht, durch Bügel u. dgl. erreicht. Lang durchgehende

Fig. 163.

Eisenstäbe werden zusammengeschweißt; ist dies wegen Trans- portrücksichten nicht möglich, so bildet man den Stoß des Eisens durch Nebeneinanderlegen der beiden Enden auf eine Länge vom mindestens 40fachen des Eisendurchmessers, wobei es genügt, die Stoßstelle leicht mit Draht zu umwickeln und die Enden um- zubiegen (Fig. 164).

Der Abstand des Eisens von 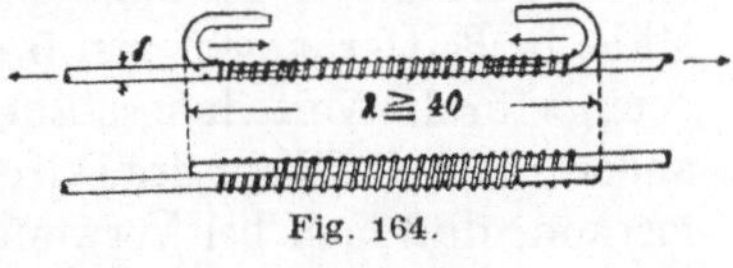 der Beton-Außenfläche muß zum genügenden Schutze gegen Rost und die Einwirkung des Feuers bei Decken

Fig. 164.

mindestens 1 cm, im Freien 1,5 cm, bei Balken und Säulen min- destens 1,5 cm, im Freien 2 cm, betragen.

C. Die Grundformen des Eisenbetons.

Infolge seines günstigen Verhaltens gegen Druck und Zug ist die Verwendung von Eisenbeton eine sehr vielseitige. Man kann die ge- bräuchlichen Konstruktionen in folgende Grundformen einteilen:

a) Die Platten und Balken.

Für die Art der Beanspruchung und damit auch für die Konstruk- tion des Eisenbetonkörpers ist es gleichgültig, ob man es mit einer Platte von seitlich unbegrenzter oder mit einem Balken von seit- lich eng begrenzter Ausdehnung zu tun hat. Es genügt deshalb, hier nur die Platte zu besprechen; was für diese gesagt wird, gilt ebenso für den Balken.

Beide Grundformen werden auf Biegung beansprucht und in die dabei entstehende Zugzone kommen die Eiseneinlagen.

Je nach der Lagerung der Platte unterscheidet man:

1. Die frei aufliegende Platte. Bei ihr kann bei einer Belastung und zwar sowohl durch Einzellasten, wie auch durch eine gleichmäßig verteilte Last, nur eine Durchbiegung nach unten erfolgen (Fig. 165), deshalb treten Zugbeanspruchungen auch nur in der unteren Zone auf, während die obere nur Druckbeanspruchungen erfährt. Die erforderlichen Eisenstäbe werden deshalb möglichst nahe der unteren Begrenzungsfläche eingelegt (Fig. 166).

Außer diesen Haupt-Eisen-einlagen, den **Tragstäben,**

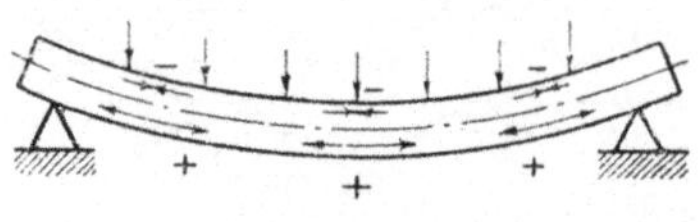

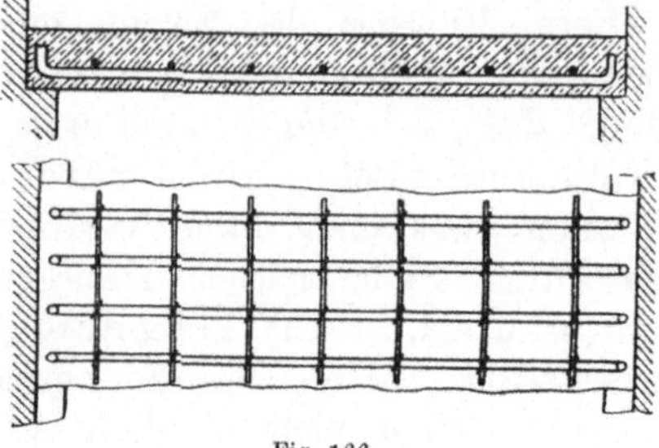

— bedeutet Druckspannung

+ bedeutet Zugspannung

Fig. 165.

Fig. 166.

verlegt man noch rechtwinklig dazu verlaufende dünnere Stäbe, die **Verteilungsstäbe.** Beide werden an den Kreuzungsstellen mit Bindedraht aneinander befestigt (Fig. 166, Aufsicht). Während die Tragstäbe in Entfernungen von 5 ÷ 25 cm voneinander verlegt werden, genügt für die Verteilungsstäbe ein Abstand von 25 ÷ 35 cm voneinander. Bei der Wahl des Durchmessers für die Tragstäbe ist zu bemerken, daß man bei Verwendung von dünnen und eng liegenden Stäben eine größere Haftfläche zwischen Eisen und Beton erhält, als bei Verlegung dicker Stäbe in größeren Abständen.

Die Verteilungsstäbe haben einen **doppelten Zweck**; einesteils **sichern sie die Lage der Tragstäbe** beim Stampfen des Betons, andererseits **verhindern sie ein Reißen der Platte** in ihrer Breitenausdehnung. Es ist jedoch zweckmäßig, bei breiten Platten an geeigneten Stellen „Dehnungsfugen" anzuordnen, die es der Konstruktion ermöglichen, sich auszudehnen und zusammenzuziehen, ohne daß Risse entstehen. Diese Dehnungsfuge wird entweder durch Mörtel ausgefüllt oder mit einem Zinkblechstreifen abgedichtet.

Es sei hier auch erwähnt, daß nicht jeder Riß in einer Eisenbetonkonstruktion auf eine Gefährdung des Bauwerkes schließen läßt. Risse, die bei Neubauten durch nachträgliches Setzen des Baugrundes entstehen, brauchen z. B. keinerlei Bedenken zu erregen, vorausgesetzt allerdings, daß sie sich nicht erweitern.

2. Die beiderseits eingespannte Platte. Bei ihr treten, wie Fig. 167

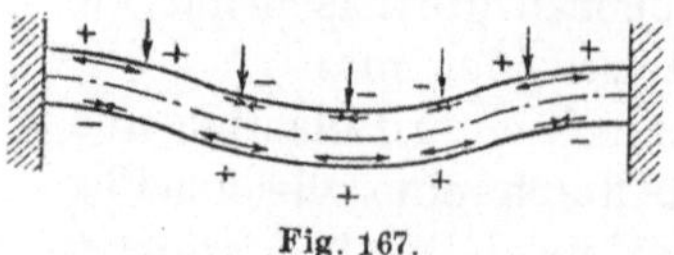

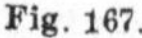

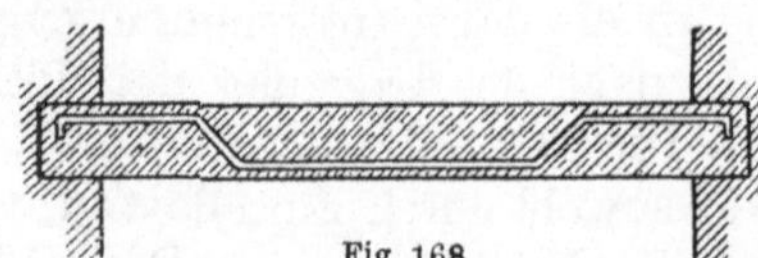

Fig. 167.

Fig. 168.

andeutet, bei der Belastung Zugspannungen in der Nähe der Einspannungen **oben,** in der übrigen Platte dagegen **unten** auf. Dementsprechend verlegt man die Eiseneinlagen nach Fig. 168. Die Rundeisenstäbe werden dabei nach unten abgekröpft.

3. Die kontinuierliche Platte. Wie die Fig. 169 und 170 zeigen, wechseln bei ihr, je nach der Art der Belastung die Beanspruchungen in den einzelnen Feldern. Es muß deshalb dafür Sorge getragen werden, daß sowohl die untere, als auch die obere Zone durch entsprechend verlegte Eisenstäbe biegungsfest wird.

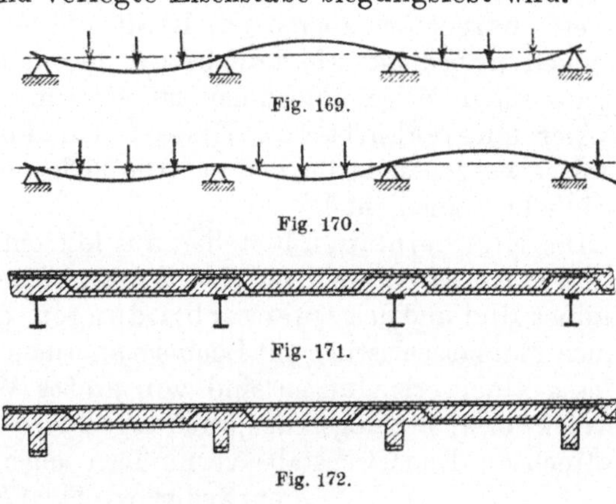

Fig. 169.

Fig. 170.

Fig. 171.

Fig. 172.

Die kontinuierliche Platte kann sowohl zwischen I-Trägern (Fig. 171) als auch zwischen Eisenbetonbalken als „Plattenbalkendecke" (Fig. 172) ausgeführt werden. Sehr häufig ist auch die Anordnung der kontinuierlichen Platte als „Voutendecke", welche bereits früher (Fig. 101) besprochen wurde.

Die Eiseneinlagen werden bei der kontinuierlichen Platte teils abgekröpft, teils in der oberen und unteren Zone geradlinig durchgeführt. Bei der Plattenbalkendecke werden die in den Eisenbetonbalken befindlichen Einlagen durch Bügel b gehalten (Fig. 173), die möglichst hoch hinaufreichen sollen.

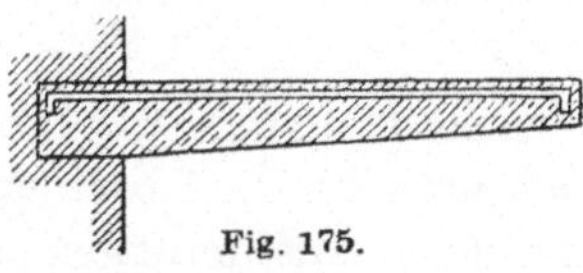

Fig. 173.

4. Die Konsol- oder Kragplatte ist als einfach eingespannte Platte zu betrachten. Zugspannungen können nur in der oberen Zone auftreten (wie aus Fig. 174 zu erkennen ist), während die untere Zone nur Druckbeanspruchungen erhält. Dementsprechend sind die Eiseneinlagen auch nur in der oberen

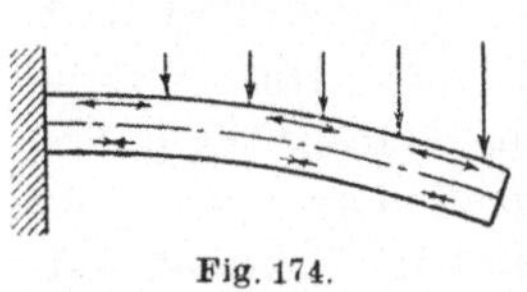

Fig. 174.

Fig. 175.

Zone verlegt (Fig. 175). Gewöhnlich ist die Platte an der Einspannungsstelle stärker, als am freien Ende, da das Biegungsmoment nach der Einspannungsstelle hin wächst.

Kreuzweise bewehrte Eisenbetonplatten, die ohne Vermittlung von Balken auf Eisenbetonsäulen ruhen und mit diesen biegungsfest verbunden sind, nennt man Pilzdecken.

b) Die Säulen und Pfähle.

Säulen, welche nur durch Lasten, die in Richtung der Säulenachse wirken, beansprucht werden, können auch aus reinem Beton bestehen, doch werden dann ihre Querschnittsabmessungen im Vergleich zur Tragfähigkeit recht große; man kann aber durch geeignete Eiseneinlagen diese Abmessungen bedeutend herabmindern. Treten exzentrisch angreifende Kräfte auf, so sind die Eisenbewehrungen unbedingt erforderlich, um die dabei entstehenden Zugspannungen sicher aufnehmen zu können.

Der Querschnitt von Eisenbetonsäulen kann beliebig gestaltet werden und ist in den meisten Fällen quadratisch, sechs- oder achteckig, auch rund.

Die Eiseneinlagen bestehen aus lotrecht stehenden Rundeisen als Tragstäben, die möglichst nahe am Umfange der Säule angeordnet sind und den Querverbindungen, die aus Rundeisen oder auch Flacheisenlaschen mit Löchern an jedem Ende gebildet werden. Diese Querverbindungen sind von großer Wichtigkeit, da sie bei Knick- bzw. Biegungsbeanspruchungen der Säule ein Ausbiegen der lotrechten Rundeisenstäbe verhindern sollen. Sie werden deshalb entweder, wie Fig. 176 zeigt, möglichst nahe aneinander — im Abstande von $15 \div 35$ cm — angeordnet oder man umschnürt wohl auch die lotrechten Eisenstäbe schraubenförmig mit einem fortlaufenden schwächeren Rundeisen, wie aus Fig. 177 zu ersehen ist.

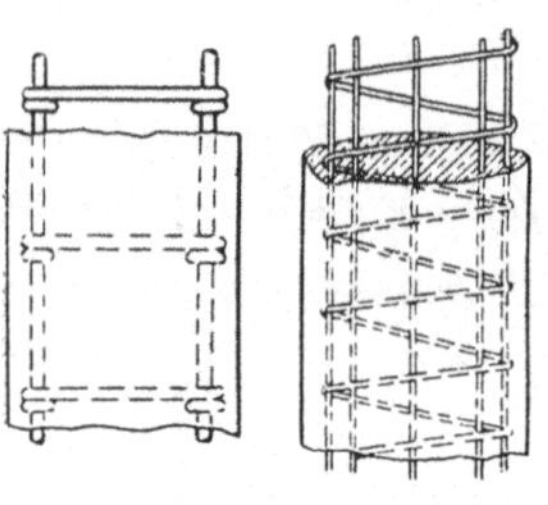
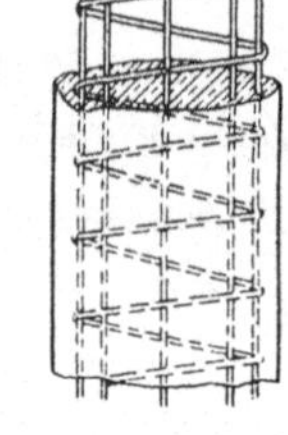
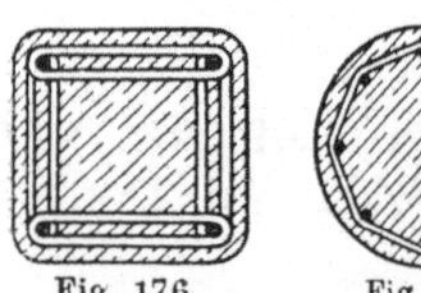

Fig. 176.   Fig. 177.

Eine ganz andere Säulenform zeigt die Bauart Visintini (Fig. 178). Diese Säulen werden fertig geliefert und lehnen sich an die Form der aus Walzeisen hergestellten Stützen an.

Gehen Säulen durch mehrere Stockwerke hindurch, so sind die Stoßstellen nach Fig. 179 $\div$ 182 auszubilden. Die einfache Verbindung der Tragstäbe durch übergeschobene Gasrohre (Fig. 179) ist nicht für die Übertragung von Biegungsmomenten geeignet, während die Ausführungen nach Fig. 180 $\div$ 182 derartige Momente aufnehmen können.

Die zu einer Eisenbetonsäule gehörige Fundamentplatte kann — sofern sie ebenfalls aus Eisenbeton besteht — eine geringe Höhe haben. Da die über den Säulenfuß reichenden Teile der Fundamentplatte durch den von unten nach oben wirkenden Bodendruck auf Biegung beansprucht werden, so muß eine kräftige Bewehrung durch Rundeisenstäbe, die sich unter 90° und 45° kreuzen und durch Draht miteinander verbunden sind, eingelegt werden (Fig. 183).

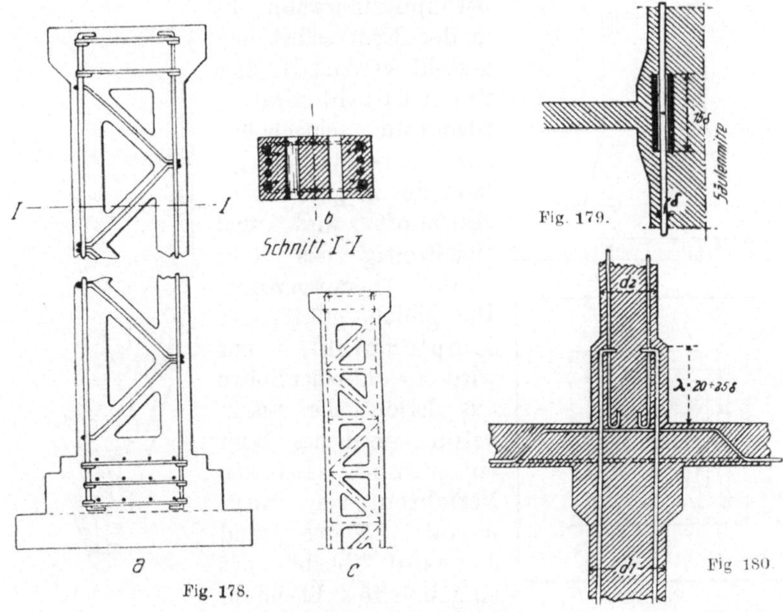

Fig. 178.

Schnitt I-I

Fig. 179.

Fig. 180.

Reicht die Bewehrung nicht bis an die äußeren Enden der Fundamentplatte, so muß diese erheblich stärker sein.

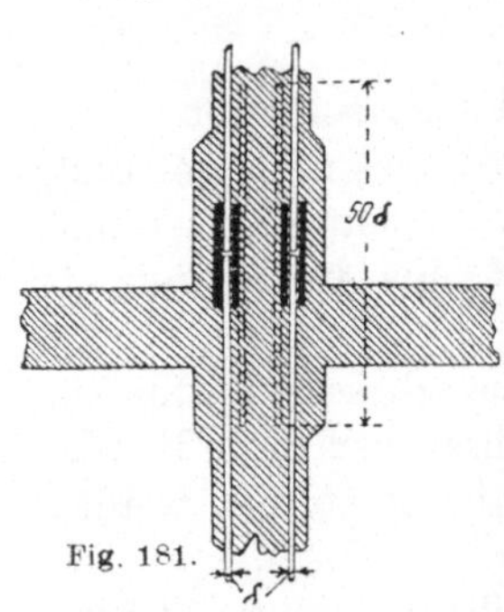

Fig. 181.

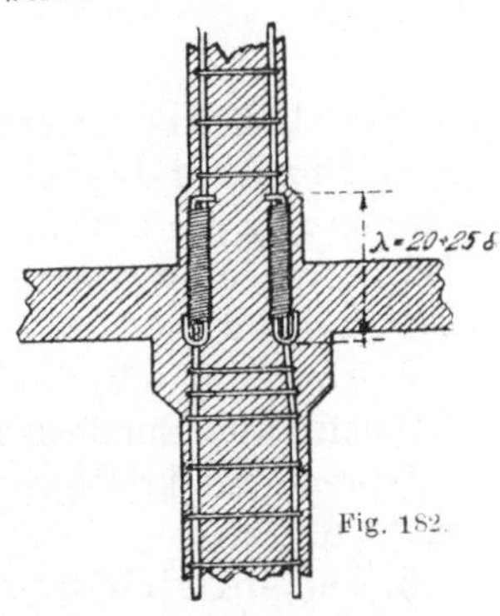

Fig. 182.

Wie bereits früher erwähnt wurde, führt man in neuerer Zeit vielfach **Eisenbetonpfähle** als Ersatz für Holzpfähle zu Rammarbeiten aus. Fig. 184 stellt das untere Ende eines solchen Eisenbetonpfahles dar. Er läuft in einen Schuh aus, in den sich die Hälfte der lotrechten Rundeisen einsetzen, während die andere Hälfte erst kurz über ihm beginnt. Querverbindungen, deren Abstand nach unten zu abnimmt, geben dem Pfahle die nötige Festigkeit, die er beim Rammen und nachträglich als Stütze bei Eisenbeton-Pfahlgründungen oder dgl. haben muß. Der Schlag des Rammbärs muß durch eine „Rammhaube", die man während des Rammens auf den Pfahl setzt, abgemildert werden.

An dieser Stelle seien auch nochmals die bereits im Abschnitt „Die Gründungs-(Fundamentierungs-)arbeiten" besprochenen Eisenbetonpfähle erwähnt, die in der Erde selbst hergestellt werden. Bei dem **Straußpfahl** wird ein Blechrohr eingebohrt, das Innere mit Beton gefüllt, der möglichst auch gestampft wird und gleichzeitig das Rohr wieder herausgezogen. Das gleiche gilt für den **Simplexpfahl**, nur wird ein mit einer Spitze aus Eisen oder Eisenbeton versehenes Rohr eingerammt. Bei den Verfahren von **Raymond**, **Stern** und **Janssen** bleibt das eingebohrte Blechrohr

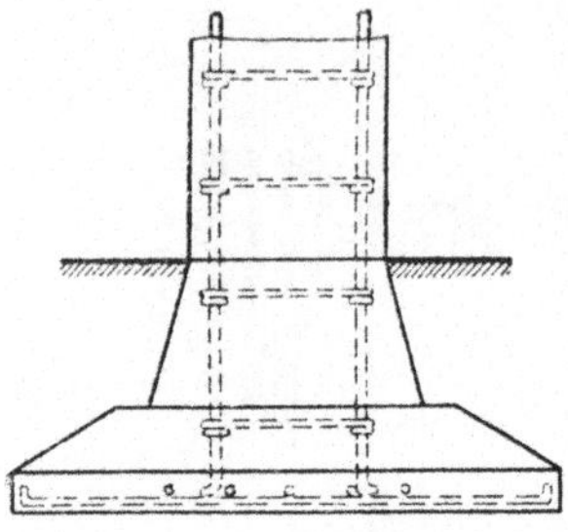

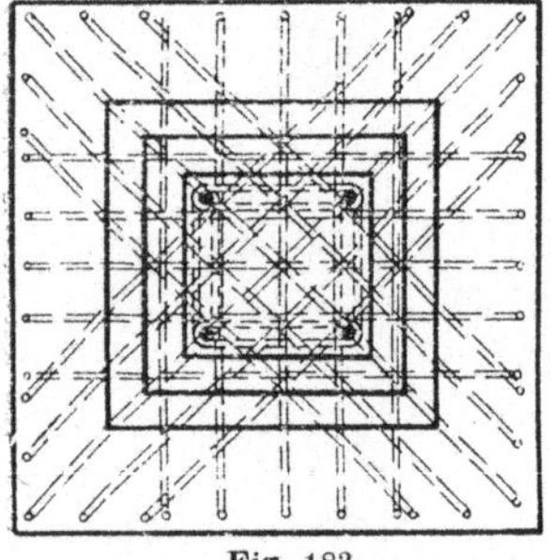

Fig. 183.

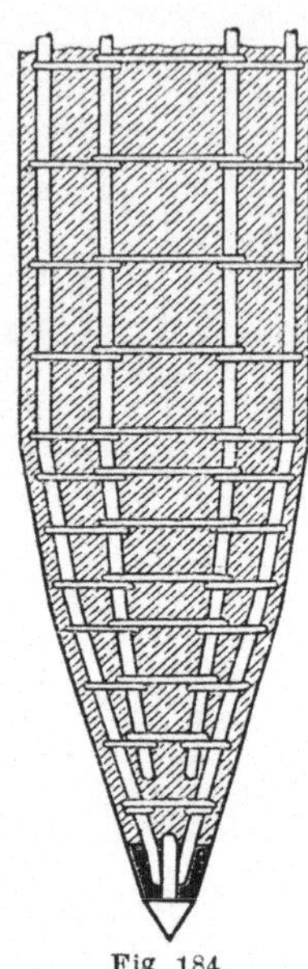

Fig. 184.

im Boden, was namentlich als Schutz gegen säurehaltiges Wasser vorteilhaft sein kann.

c) Die Wände.

Man hat drei Arten von Wänden zu unterscheiden:

1. Die **unbelasteten** Wände, auch **Monierwände** genannt, welche nur ein leichtes Geflecht von Rundeisenstäben erhalten und bei denen eine Stärke von $5 \div 6$ cm genügt. Sie dienen nur als Trennungswände.

2. Die **lotrecht belasteten** Wände. Auch diese erhalten ein Geflecht aus Rundeisen als Bewehrung, welches aber dem Drucke entsprechend kräftiger ist und deren Tragstäbe berechnet werden müssen.

3. Die **seitlich belasteten** Wände. Zu ihnen gehören Wände von Behältern, Silos, Stützmauern u. dgl. Da sie auf Biegung durch den Erddruck beansprucht sind, so werden sie als eingespannte Platten angesehen und dementsprechend ausgebildet.

d) Die Gewölbe.

Gewölbe aus reinem Stampfbeton können zwar bedeutende Druck-, aber nur geringe Zugspannungen aufnehmen und müssen deshalb eine im Verhältnis zu ihrer Tragfähigkeit große Konstruktionshöhe erhalten. Man kann diese erheblich verringern, wenn man in der Zugzone des Gewölbes Eiseneinlagen anordnet. Diese werden bei geringen Spannweiten, wie sie z. B. bei preußischen Kappen für Deckenkonstruktionen häufig sind, nur unten angeordnet (Fig. 185). Bei größeren Spannweiten empfiehlt es sich, auch noch oben Tragstäbe anzuordnen, die von den beiden Widerlagern nach innen bis zu etwa $^1/_3$ der Gewölbelänge reichen (Fig. 186). Gewölbe mit großer Spannweite und mit beweglichen Lasten, wie z. B. Brücken, erhalten in der oberen und in der unteren Zone durchgehende Tragstäbe. Fig. 187 zeigt z. B. die Ausführung

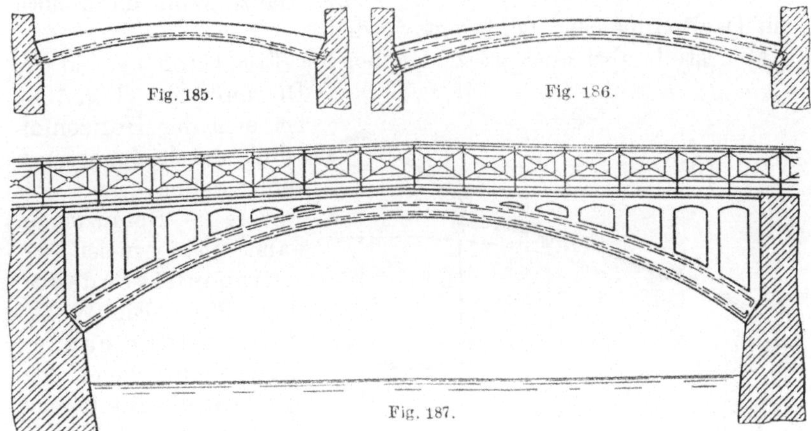

Fig. 185.   Fig. 186.

Fig. 187.

einer Brücke in Eisenbeton mit oben und unten verlegten Tragstäben; außer diesen werden natürlich auch noch rechtwinklig dazu liegende Verteilungsstäbe angeordnet.

Eisenbetonbrücken bieten gegenüber den Brücken in Stein- oder Eisenkonstruktion wesentliche Vorteile, da sie viel geringere Gewölbestärken erfordern und letztere an Dauerhaftigkeit des Baumaterials übertreffen. Während bei Steinbrücken als geringste Bogenstärke etwa $^1/_{30}$ der Spannweite angenommen wird, kann man bei Eisenbetonbrücken mit der Bogenstärke bis auf $^1/_{100}$ der Spannweite heruntergehen. Während ferner eine Eisenbrücke alle 3 bis 4 Jahre einen vollständigen Ölfarbanstrich bedarf, um sie betriebssicher zu erhalten, verursacht die Eisenbetonbrücke keine nennenswerten Instandhaltungskosten.

e) Dächer.

Auch für Dächer ist in neuerer Zeit viel der Eisenbetonbau in Anwendung gekommen, sowohl als Baustoff des gesamten Daches, wie auch als Dachdeckung. Für letztere werden Platten von 4 ÷ 10 cm Stärke — des geringen Gewichtes wegen oft aus Bimsbeton — ver-

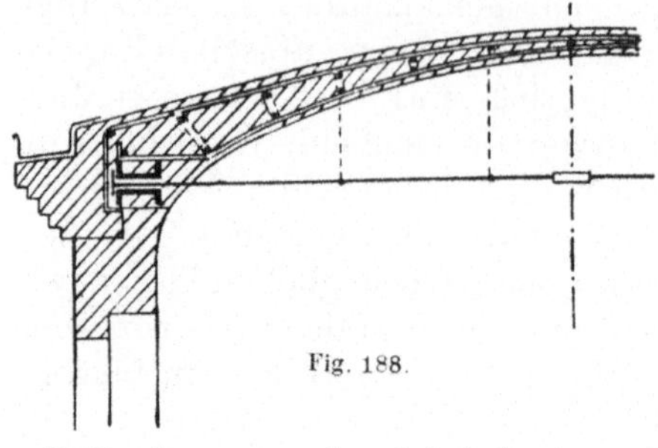

wendet. Eine besonders leichte Dachhaut erhält man nach dem Torkret-Spritz-beton-Verfahren, wobei auf eine Verschalung ein Drahtnetz zwischen Rund-eisen gespannt und darauf eine Lage von 3 ÷ 4 cm Beton unter Druck gespritzt wird. Das Ganze kann dann noch mit Dachpappe oder dgl. belegt werden.

Man stellt aber auch ganze Dächer aus Eisenbeton her, so das Bogendach (Fig. 188), bei dem der Horizontal-schub durch Zugstangen aufgenommen ist. Für größere Spannweiten wählt man meist das Rippenbogendach (Fig. 189). Ein Werk-stattgebäude ganz in Eisenbeton zeigt Fig. 190. Auf die Binder sind Oberlichter gesetzt; in der Mittelhalle läuft ein Kran auf Schienen, die auf Konsolen der Eisenbeton-säulen verlegt sind.

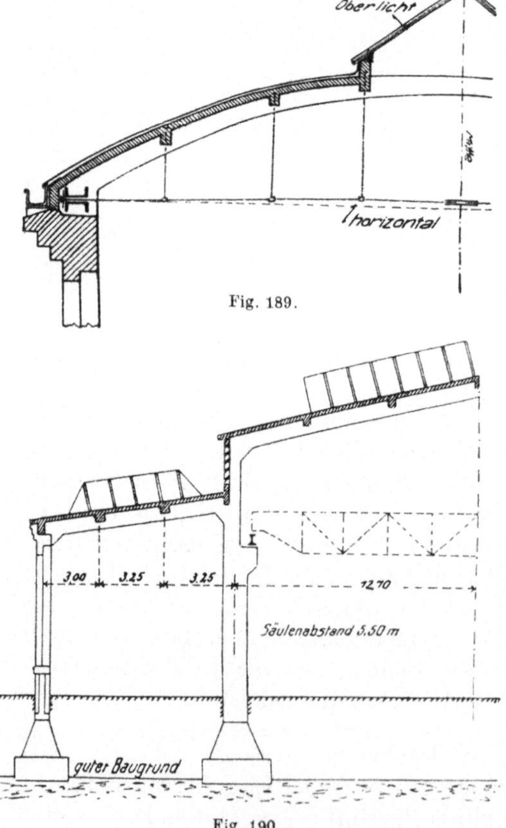

Derartige ganz aus Eisenbeton hergestellte Bauten sind durchaus feuersicher, haben eine sehr bedeutende Stand-fähigkeit und erfordern geringe Unterhaltungs-kosten. Dagegen ist als Nachteil anzuführen, daß sie stark den Schall leiten, daß sich nachträgliche Änderungen nur sehr schwer ausführen lassen

und daß ein später notwendiger Abbruch große Schwierigkeiten
bereitet.

f) Eisenbetonwaren.

Außer den bereits genannten Konstruktionen, deren Ausführung
auf der Baustelle selbst erfolgt, stellt man auch fabrikmäßig man-
cherlei Eisenbetonwaren her.

Als solche sind zunächst eine große Zahl verschiedener **Balken**
und **Platten** zu nennen, die als **fertige Fabrikate** in den Handel
kommen und für **ebene Decken** oder dgl. Verwendung finden.
Ferner stellt man **Treppenstufen** aus

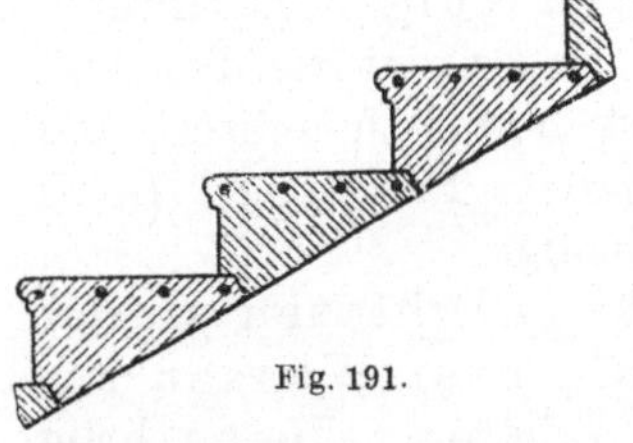

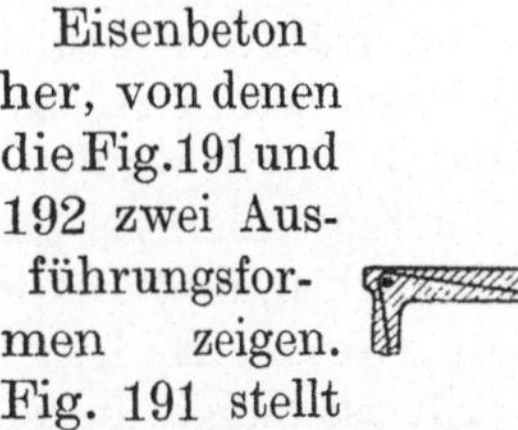

Eisenbeton
her, von denen
die Fig. 191 und
192 zwei Aus-
führungsfor-
men zeigen.
Fig. 191 stellt

Fig. 191.

Fig. 192.

eine Blockstufe, Fig. 192 eine Winkelstufe dar; beide werden als fer-
tige Konstruktionen wie Stein- oder Eisenstufen verlegt. In gleicher
Weise erfolgt auch die Fabrikation von **Behältern**, **Rohren**,
Pfosten und dgl. mehr.

D. Die Ausführung von Eisenbetonkonstruktionen.

Über die Ausführung von Eisenbetonkonstruktionen geben die
in der Fußnote S. 86 genannten Bestimmungen des Deutschen
Ausschusses für Eisenbeton Aufschluß. Als Wichtigstes sei das
folgende genannt:

Die **Verarbeitung der Betonmasse** soll sofort **nach ihrer** Fertigstellung erfolgen und **vor Beginn des Abbindens** beendet
sein. Die Betonmasse darf bei trockener und warmer Witterung
nicht länger als eine **Stunde**, bei kühler und nasser Witterung
nicht länger als zwei **Stunden** unverarbeitet liegen bleiben. Nicht
sofort verarbeitete Betonmasse ist vor Sonne, Wind und Regen zu
schützen und vor der Verarbeitung noch einmal umzuschaufeln.
Die Verarbeitung der eingebrachten Betonmasse **muß** stets **ohne
Unterbrechung** bis zur Beendigung des Stampfens durchgeführt
werden. Der Beton ist in **Schichten von höchstens 15 cm** ein-
zubringen und in entsprechender Weise durch Stampfen zu ver-
dichten.

Soll auf frischen Beton eine neue Schicht aufgebracht werden, so
genügt es, die Oberfläche gut anzunässen. Beim Weiterbau auf er-
härtetem Beton muß die alte Oberfläche aufgerauht, sauber abge-

kehrt und unmittelbar vor dem Aufbringen neuer Betonmasse mit dünnem Zementbrei eingeschlämmt werden. Bis zur genügenden Erhärtung des Betons sind die Bauteile gegen die Einwirkungen des Frostes und gegen vorzeitiges Austrocknen zu schützen.

Betonkörper, welche wasserdicht sein sollen, erhalten einen Verputz von ganz fettem Zementmörtel im Mischungsverhältnis 1 : 1 bis 1 : 2.

Frost unterbricht das Erhärten des Betons; nach Aufhören des Frostes geht jedoch das Erhärten normal weiter. Ganz strenger Frost kann das Erhärten vollständig verhindern, weshalb bei großer Kälte niemals betoniert werden darf. Wird bei leichtem Frost betoniert, so ist darauf zu achten, daß keine gefrorenen Baustoffe verwendet werden. Ein fertiger Beton wird hingegen durch Frost niemals geschädigt.

Es ist ferner zu bemerken, daß Beton beim Erhärten an der Luft schwindet, beim Erhärten unter Wasser dagegen quillt. Ebenso zeigt bereits erhärteter Beton beim späteren Durchtränken mit Wasser eine Volumenzunahme. Beton ohne Eiseneinlagen bekommt beim Schwinden leicht Risse, was jedoch beim Eisenbeton durch die Eiseneinlagen vollständig vermieden wird.

Die Eiseneinlagen sind vor der Verwendung sorgfältig von Schmutz, Fett und losem Roste zu befreien. Mit besonderer Sorgfalt ist darauf zu achten, daß die Eisenstäbe die richtige Lage und Entfernung beim Stampfen behalten und daß sie dicht mit Betonmasse umkleidet werden. Kurz vor dem Einbetonieren ist das Eisen mit Zementbrei einzuschlämmen.

Die Schalungen müssen hinreichenden Widerstand gegen Durchbiegung, sowie gegen Erschütterung beim Stampfen bieten. Sie müssen bei Platten und Balken so angeordnet sein, daß einige Stützen stehen bleiben können, wenn man die Verschalungen entfernt, ehe der Beton vollständig abgebunden hat. Beim Wegnehmen der Verschalungen und Stützen ist jede Erschütterung zu vermeiden.

Die Ausführung der Verschalungen zeigen die Fig. 193 und 194.

In Fig. 193 ist die Verschalung für eine ebene Decke mit Eisenbetonbalken gezeigt. Die Schalbretter der Decke werden durch Lehrbretter gehalten und diese wieder durch Holzstreben gestützt. Auch unter den Balkenschalungen stehen Stützen und alle werden auf Keile gestellt, die nachgetrieben werden können. Beim Entfernen der Verschalung bleiben die Schalbretter und Stützen

unter den Balken stehen, bis der Beton vollkommen abgebunden hat, während die übrigen Schalungen auch früher entfernt werden können.

Fig. 194 zeigt von oben gesehen die Verschalung einer Säule. Durch Querhölzer und Schraubenbolzen wird die Verschalung zu-

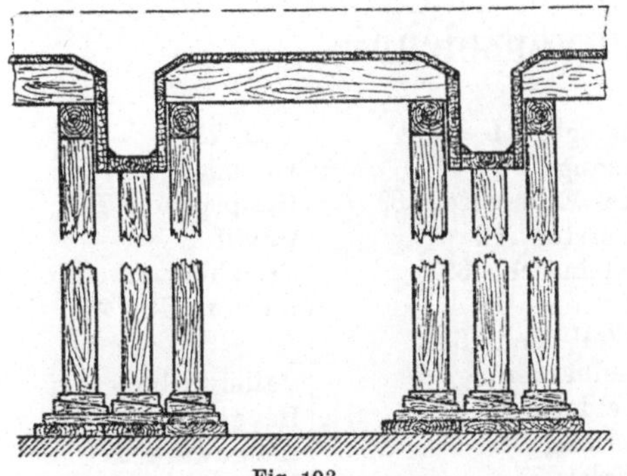

Fig. 193.

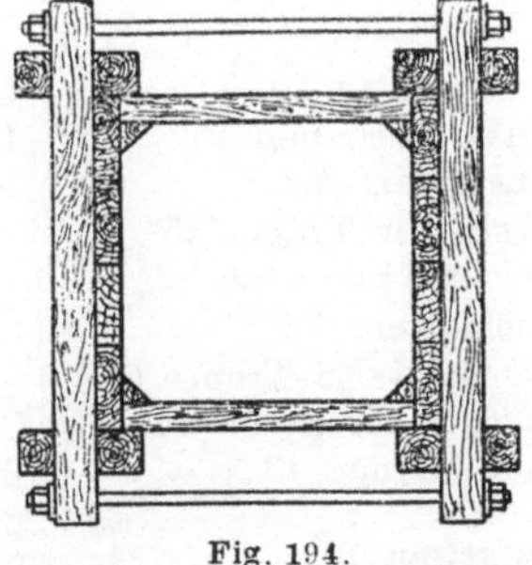

Fig. 194.

sammengehalten und kann nach Lösung der Schrauben leicht wieder entfernt werden.

Die Fristen zwischen der Beendigung des Betonierens und der Ausschalung bei günstiger Witterung (niedrigste Tagestemperatur über 5°) können aus folgender Tabelle entnommen werden.

	Für die seitliche Schalung der Balken und die Einschalung der Stützen od. Pfeiler	Für die Schalung der Deckenplatten	Für die Stützung der Balken und weitgespannten Deckenplatten
Bei Verwendung von Handelszement mindestens	3 Tage	8 Tage	3 Wochen
Bei Verwendung von hochwertigem Zement mindestens	2 Tage	4 Tage	8 Tage

Zum Schlusse sei noch darauf hingewiesen, daß sich erhärteter Beton sehr schwer bearbeiten läßt, so daß schon beim Stampfen auf Löcher für Ankerschrauben, Aussparungen u. dgl. Rücksicht genommen werden muß. Dies geschieht durch Aufnageln von Holzklötzen, Dübeln usw. auf die Schalungen, durch Einlegen von Rohren, durch welche später z. B. Kabel hindurchgelegt werden sollen u. dgl. m.

Soll eine Betonfläche nachträglich verputzt werden, so verwendet man zweckmäßig ungehobelte Schalbretter, da der Putz an einer rauhen Fläche besser haftet, als an einer glatten.

Sachverzeichnis.

Ankerplatte 23
Ankerschrauben 23
Ankerstein 14
Armierter Träger 45
Asbest-Feuerschutz 32
Asphaltteer 13
Aufgesattelte Treppe 66
Auftritt, Treppen- 64
Außenmauer 13

Backstein 2
Balken, Eisenbeton- 89
—, Holz- 25
Balkenlage 25
Baugrund 5
Bauholz 4
Belastungen, zulässige 50
Beton 3, 87
Betondecken 61
Biberschwanz 71
Binder, Dach- 77
—, (Stein) 11
Bleche 33
Blockverband 12
Bögen 14
Bogendach 96
Bohrungen, Erd- 5
Bretterdach 70
Bruchstein 2
Brücke, Eisenbeton- 95
Brunnengründung 7
Brunnenkranz 7
Buckelplatte 33

Dachbinder 77
Dachdeckungen 70
Dachformen 69
Dachgewichte 74
Dachpappe 70
Dachpfanne 71
Dachpfette 26
Dachsparren 26
Dachstühle, hölzerne 26

Dachziegel 71
Dachzunge 71
Decke, Eisenbeton- 89
—, Förster- 62
—, Kleinesche 62
—, Vouten- 61
—, Wellblech- 63
Deckenbalkenlage 24
Doppeldach 72
Dossierung 18
Drahtglas 75
Drainage 6
Dreiecksbinder 78

Eisen, Guß- 5
—, Walz- 5, 32
Eiseneinlagen 88
Eisenkonstruktionen 30
Eisenportlandzement 87
Emaille 30

Fabrikschornsteine 16
Fachwerkträger 46
Fachwerkwand 63
Falzziegel 71
Fäule, Holz- 4
Feldsteine 2
Feuerfeste Steine 2
Feuerschutzmittel 31
First 72
Formeisen 33
Fuchs, Schornstein- 20
Fuge 11
Fundamentanker 23
Fundamentierung 6
Fundamentmauer 13
Futter, Schornstein- 19

Geländer 66
Gewölbe, Eisenbeton- 94
—, Stein 14
Gipsdielen 31
Gitterträger 46

Glas 75
Glasdach 74
Glasprismen 75
Granit 2
Gründungsarbeiten 6
Gurtung 43, 46

Halbkreisbogen 15
Hängesäule 27
Hängewerk 27
Hausschwamm 4
Haustein 2
Hochofenzement 87
Holz 4
Holzkrankheiten 4
Holzummantelung 31
Holzzementdach 71
Hydraulischer Mörtel 3

Innenmauer 13
Isolierschicht 19

Kahneisen 88
Kalkmörtel 3
Kalksandstein 3
Kalkstein 1
Kämpferstein 15
Kappe, preußische 16, 61
Kehlbalkendach 26
Kellermauer 13
Klinker 2
Knickformel 50
Korbbogen 15
Korkstein 31
Kreuzverband 12
Kronendach 72
Künstliche Gründung 6
Künstliche Steine 2
Kupferdeckung 73

Larssen-Spundwand 10
Laterne 74

Läufer 11
Lehmziegel 2
Lochleibungsdruck 34
Lochstein 2
Luxfer-Glasprismen 75

Macks Feuerschutzmantel 32
Marmor 1
Maschinenfundamente 21
Mauerstärken 12
Mennige 30
Metalle 5
Metallüberzüge 30
Mörtel 3

Natürliche Steine 1
Nietverbindungen 34
Normalziegel 11

Oberlicht 74
Ölfarbanstriche 30

Pappdach 70
Patina 73
Pendelsäule 59
Pfahl, Eisenbeton- 93
—, Holz- 8
Pfahlrost 7
Pfahlschuh 8
Pfeilhöhe 15
Pfettendach 26
Pfosten 63
Platte, Anker- 23
—, Eisenbeton- 89
Plutonit 32
Podest 65
Polonçeauträger 78
Poröse Steine 2
Porphyr 2
Portlandzement 87
Preußische Kappe 16, 61
Pultdach 69

Quader 2

Radialstein 18
Rähm 63
Rammarbeit 8
Riegel 63
Riffelblech 33
Ring, Schornstein- 20
Rippenbogendach 96
Ritterdach 72
Rohglas 75

Rohrdach 70
Rostschutzmittel 30
Rundbogen 15

Sägedach 69
Sandstein 1
Satteldach 69
Säule, Eisen- 57
—, Eisenbeton- 92
Schalung 71, 98
Schamottestein 2
Scheitel 15
Scheitrechter Bogen 15
Schieferdach 73
Schindeldach 70
Schlußstein 15
Schornstein, Fabrik- 16
Schüttbeton 87
Schutzbügel 20
Schwamm, Haus- 4
Schwelle 63
Schwemmstein 3
Schwungradgrube 23
Senkkasten 7
Setzstufe 67
Sheddach 69
Simplexpfahl 94
Spannriegel 28
Sparrendach 26
Spitzbogen 15
Spließdach 71
Sprengwerk 28
Spritzbeton 96
Sprosseneisen 33, 75
Spundwand 9
Stabeisen 32
Stampfbeton 22, 87
Ständer 63
Steigeisen 20
Stein, feuerfester 2
—, poröser 2
Stichbogen 15
Stichhöhe 15
Stoß, Träger- 45
Stoßfuge 11
Strangpresse 2
Straußpfahl 94
Strebe 63
Streckmetall 88
Strohdach 70

Teer 30
Tonnenblech 33

Tonnengewölbe 16
Träger, armierter 45
—, genieteter 42
— -verankerung 46
—, Walzeisen- 39
Tragstab 90
Traverse, Säulen- 58
Treppen 63
Trittstufe 67
Tuffstein 1

Übertreppung 20
Uferbauten 10
Ummantelung 31
Untergrund 5
Unterzug 31, 61

Verankerung, Balken- 25
—, Träger- 46
Verbesserung des Baugrundes 6
Verblender 11
Verlängerter Zementmörtel 3
Vernietung 34
Versteinerung des Baugrundes 9
Verteilungsstab 90
Verzinnen 30
Voutendecke 61

Wand, Eisenbeton- 94
—, Fachwerk- 63
Wandstärke der Schornsteine 19
Weißblech 30
Wellblech 33
Wellblechdach 74
Wellblechdecke 61, 63
Wendeltreppe 68
Widerlager 15
Windverband 69
Wurmfraß 4

Zangenbalken 26
Zementbeton 3, 87
Zementmörtel 3
Ziegel 2
Ziegelmauerwerk 11
Zinkblechdeckung 74
Zinn(Zink)überzug 30
Zirkelbogen 14
Zulässige Druckspannung 50

Druck von B. G. Teubner in Dresden.

Dr. E. Bardeys arithmetische Aufgaben nebst Lehrbuch der Arithmetik für Metallindustrieschulen, vorzugsweise für Maschinenbauschulen (Werkmeisterschulen), die Unterstufe der höheren Maschinenbauschulen und verwandte technische Lehranstalten. Bearb. von Studienrat Dipl.-Ing. Prof. Dr. S. Jakobi und Maschinenbauschullehrer A. Schlie. 7. Aufl. Mit 75 Abb. im Text und auf Tafeln. Kart. M. 4.20.

Funktionenlehre und Elemente der Differential- und Integralrechnung. Lehrbuch und Aufgabensammlung für technische Fachschulen (höh. Maschinenbauschulen usw.), zur Vorbereitung für die mathematischen Vorlesungen der techn. Hochschulen sowie für höh. Lehranstalten und zum Selbstunterricht. Von Dr. H. Grünbaum. 6., erw. Aufl., bearb. von Studienrat Dipl.-Ing. Prof. Dr. S. Jakobi. Mit 93 Abb. Kart. M. 3.80

Tafeln für das logarithmische und numerische Rechnen mit einer Einführ. in die Logarith. das logarithm. Rechnen u. d. Gebrauch des Rechenschiebers f. Mittelsch., mittl. Fachsch. u. d. prakt. Leben. V. H. Martens. Kart. M. 1.20

Lehr- und Aufgabenbuch der Geometrie. Ausgabe B: Für höhere Gewerbeschulen, Maschinenbauschulen und verwandte technische Lehranstalten. Von Dr. H. Grünbaum. Neubearb. von Oberstudienrat Prof. Dr. G. Wiegner. I. Teil: Planimetrie und Stereometrie. 2. Aufl. Mit 286 Fig. i. T. Kart. M. 4.—. II. Teil: Trigonometrie. 2. Aufl. Mit 65 Fig. im Text. Kart. M. 1.80

Lehr- und Aufgabenbuch der Physik für Maschinenbau- und Gewerbeschulen, sowie für verwandte technische Lehranstalten und zum Selbstunterricht. Von Oberstudienrat Prof. Dr. G. Wiegner und Regierungsbaumeister Dipl.-Ing. Prof. P. Stephan. In 3 Teilen. Mit zahlreichen Fig. im Text und ausgeführten Musterbeispielen. I. Teil: Allgemeine Eigenschaften der Körper, Mechanik. 3., verb. Aufl. Mit 175 Fig. Kart. M. 4.20. II. Teil: Lehre von der Wärme. Lehre vom Licht (Optik.) Wellenlehre. 2., verb. Aufl. Mit 132 Fig. Kart. M. 3.40. III. Teil: Elektrizität (einschl. Magnetismus). Einführung in die Elektrotechnik. 2., verb. u. verm. Aufl. Mit 233 Fig. Kart. M. 4.—

Grundriß der Physik. Von Direktor Dr. K. Hahn. II. Teil. Für die Oberstufe von Vollanstalten und für Fachschulen. 3. Aufl. Mit 366 Fig. Geb. M. 5.40

Lehrbuch der Physik. Von Direktor Prof. E. Grimsehl. Zum Gebrauch beim Unterr., bei akad. Vorles. u. zum Selbststudium. 2 Bde. Von Prof. Dr. W. Hillers und Prof. Dr. H. Starke. I. Band: Mechanik, Wärmelehre. Akustik und Optik. 6. Aufl. Mit 1090 Fig. im Text u. 10 Fig. auf 2 farb. Tafeln. Geh. M. 22.—, geb. M. 24.—. II. Band: Magnetismus und Elektrizität. 5. Aufl. Mit 580 Fig. im Text. Geh. M. 14.—, geb. M. 16.—

Mathematische Physik. Ausgewählte Abschnitte und Aufgaben aus der theoretischen Physik. Für Fachschulen und zum Selbstunterricht für Studierende. Von Direktor Dr. K. Hahn. Mit 46 Fig. Kart. M. 4.60

Aufgaben aus der technischen Mechanik für den Schul- und Selbstunterricht. Von Prof. N. Schmitt. I. Bewegungslehre, Statik und Festigkeitslehre. 2. Aufl. 240 Aufgaben u. Lösungen. Mit zahlr. Fig. im Text. II. Dynamik und Hydraulik. 2. Aufl. Von Oberstudienrat Prof. Dr. G. Wiegner. 198 Aufgaben und Lösungen. Mit zahlr. Fig. im Text. (ANuG Bd. 558/559.) Geb. je M 2.—.

Leitfaden der Chemie. Für Baugewerkschulen und andere technische Fachschulen. Bearbeitet von Baurat a. D. Dr.-Ing. Dieckmann. Mit 15. Abb. (Der Unterricht an Baugewerkschulen Bd. 2.) Kart. M. 1.20

Maschinenbau. Von Stud.-Dir. O. Stolzenberg. I. Teil: Werkstoffe des Maschinenbaues und ihre Bearbeitung auf warmem Wege. 2. erw. Aufl. Mit 330 Abb. [U. d. Pr. 1925.] II. Teil: Arbeitsverfahren. Mit 750 Abb. Geb. M. 7.—. III. Teil: Methodik der Fachkunde und Fachrechnen. Kart. M. 2.40

Gewerbekunde der Holzbearbeitung. Von Oberinspektor Studienprof. J. Großmann. Bd. I: Das Holz als Rohstoff. 2., neub. u. erw. Aufl. Mit 91 Textabb. Kart. M. 3.20. Bd. II: Die Werkzeuge und Maschinen der Holzbearbeitung. 2., neubearb. u. erweit. Aufl. Mit 358 Textabb. Kart. M. 5.—

Normschrift. M. —.40. **Rundschrift.** 3. Aufl. M. —.60. **Steilschrift.** 2. Aufl. M. —.40. Lehr- und Übungshefte für Schul- und Selbstunterricht. Von Gewerbeschulrat Dr. K. Schubert.

Verlag von B. G. Teubner in Leipzig und Berlin

Physikalisches Wörterbuch. Von Prof. Dr. G. Berndt. (Teubners kleine Fachwörterbücher Bd. 5.) Mit 81 Figuren im Text. Geb. M. 3.60

Chemisches Wörterbuch. Von Prof. Dr. H. Remy. Mit 15 Abb. und 5 Tabellen. (Teubners kl. Fachwörterb. Bd. 10/11.) Geb. M. 8.60

Einführung in die allgemeine Chemie. Von Studienrat Dr. B. Bavink 2. verb. Aufl. Mit 24 Fig. (ANuG Bd. 582.) Geb. M. 2.—

Einführung in die organische Chemie. (Natürliche und künstliche Pflanzen- und Tierstoffe.) Von Studienrat Dr. B. Bavink. 3. Aufl. Mit 9 Abb. im Text. (ANuG Bd. 187.) Geb. M. 2.—

Einführung in die anorganische Chemie. Von Studienrat Dr. B. Bavink. Mit 31 Abb. im Text. (ANuG Bd. 598.) Geb. M. 2.—

Einführung in die analytische Chemie. Von Dr. F. Rüsberg. I. Teil. Theorie und Gang der Analyse. Mit 15 Fig. im Text. II. Teil: Die Reaktionen. Mit 4 Fig. im Text. (ANuG Bd. 524/525.) Geb. je M. 2.—

Farben und Farbstoffe. Ihre Erzeugung und Verwendung. Von Dr. A. Zart. Mit 31 Abb. im Text. (ANuG Bd. 483.) Geb. M. 2.—

Arbeitskunde. Grundlagen, Bedingungen und Ziele der wirtschaftlichen Arbeit. Unter Mitwirkung zahlreicher Fachleute herausgegeben von Dr.-Ing. Joh. Riedel. Mit 35 Abb. im Text u. auf 2 Tafeln. In Ganzl. geb. M. 15.—

Zeitgemäße Betriebswirtschaft. Von Direktor Dr.-Ing. G. Peiseler. I. Teil: Grundlagen. Geh. M. 3.60, geb. M. 5.—

Berufswahl, Begabung und Arbeitsleistung in ihren gegenseitigen Beziehungen. Von Prof. W. J. Ruttmann. 2. Aufl. Mit 7 Abb. (ANuG Bd. 522.) Geb. M. 2.—

Die Ausbildung für den technischen Beruf in der mechanischen Industrie. (Maschinenbau, Schiffbau, Elektrotechnik.) Hrsg. vom Deutschen Ausschuß für technisches Schulwesen. 4. Aufl. M. —.40

Angewandte Psychologie, Methoden und Ergebnisse. Von Privatdozent Dr. phil. et med. Stern. (ANuG Bd. 771.) Geb. M. 2.—

Psychologisches Wörterbuch. Von Privatdozent Dr. F. Giese. Mit 60 Figuren im Text. (Teubners kleine Fachwörterbücher, Band 7.) Geb. M. 3.20

Teubners Handbuch der Staats- und Wirtschaftskunde. Staatskunde: Bd. I (3 Hefte), Bd. II (4 Hefte), Bd. III (1 Heft). Wirtschaftskunde: Bd. I (5 Hefte), Bd. II (6 Hefte).
Jedes Heft (die meisten liegen bereits vor, die übrigen erscheinen demnächst) ist einzeln käuflich. Ausführliches Verzeichnis vom Verlag, Leipzig, Poststraße 3, erhältlich.

Das Handbuch will das Bedürfnis befriedigen nach einer auch dem Laien zugänglichen Einführung in Werden, Wesen und Gestaltung des Staates, wie die Daseinsbedingungen und Organisationsformen unseres Wirtschaftslebens.

Die Grundlagen der Weltwirtschaft. Eine Einführung in das internationale Wirtschaftsleben. Von Prof. Dr. H. Levy. Geh. M. 5.—, geb. M. 7.—

Der Weltmarkt 1913 und heute. Von Prof. Dr. H. Levy. [U. d. Pr. 1925].

Allgemeine Wirtschafts- und Verkehrsgeographie. Von Geh. Regierungsrat Prof. Dr. K. Sapper. Mit 70 kartogr. u. stat.-graph. Darstellungen. Geb. M. 12.—

Handelswörterbuch. Von Justizrat Dr. M. Strauß und Handelsschuldirektor Dr. V. Sittel. Zugleich fünfsprachiges Wörterbuch zusammengestellt von V. Armhaus. (Teubners kleine Fachwörterbücher Bd. 9.) Geb. M. 4.60

Wörterbuch der Warenkunde. Von Prof. Dr. M. Pietsch. (Teubners kleine Fachwörterbücher Bd. 3.) Geb. M. 4.60

Die Rechenmaschinen und das Maschinenrechnen. Von Oberreg.-Rat Dipl.-Ing. K. Lenz. 2. Aufl. Mit 43 Abb. im Text. Kart. M. 3.—

Verlag von B. G. Teubner in Leipzig und Berlin

Mathematisch-Physikalische Bibliothek

Gemeinverständliche Darstellungen aus der Mathematik und Physik

Unter Mitwirkung von Fachgenossen herausgegeben von

Dr. W. Lietzmann und **Dr. A. Witting**

Oberstudiendir. d. Oberrealsch. zu Göttingen — Oberstudienrat, Gymnasialprof. in Dresden

Mit zahlr. Fig. M. 8. Kart. je M. 1.—, Doppelbändchen M. 2.—. Bisher erschienen (1912/25):

Der Gegenstand der Mathematik im Lichte ihrer Entwicklung. Von H. Wieleitner. Bd. 50.

Beispiele zur Geschichte d. Mathematik. Von A. Witting u. M. Gebhardt. 2. Aufl. Bd. 15.

Ziffern u. Ziffernsysteme. Von E. Löffler. 2., neubearb. Aufl. I: Die Zahlzeichen der alten Kulturvölker. II: Die Zahlzeichen im Mittelalter u. in der Neuzeit. Bd. 1 u. 34.

Der Begriff der Zahl in seiner logischen und historischen Entwicklung. Von H. Wieleitner. 2., durchgesehene Aufl. Bd. 2.

Wie man einstens rechnete. Von E. Fettweis. Bd. 49.

Rechnen der Naturvölker. Von E. Fettweis. [In Vorb. 1925.]

Archimedes. Von A. Czwalina. Bd. 64.

Die sieben Rechnungsarten mit allg. Zahlen. Von H. Wieleitner. 2. Aufl. Bd. 7.

Abgekürzte Rechnung. Von A. Witting. Bd. 47.

Wahrscheinlichkeitsrechnung. V. O. Meißner. 2. Aufl. I. Grundlehr. II. Anwendung. Bd. 4 u. 33.

Die Determinanten. Von L. Peters. Bd. 65.

Mengenlehre. Von K. Grelling. Bd. 58.

Einführung in die Infinitesimalrechnung. Von A. Witting. 2. Aufl. I: Die Differential-, II: Die Integralrechnung. Bd. 9 u. 41.

Unendliche Reihen. Von K. Fladt. Bd. 61.

Kreisevolventen und ganze algebraische Funktionen. Von H. Onnen. Bd. 51.

Konforme Abbildungen. Von E. Wicke. [In Vorb. 1925.]

Vektoranalysis. Von L. Peters. Bd. 57.

Ebene Geometrie. Von B. Kerst. Bd. 10.

Der pythagoreische Lehrsatz mit einem Ausblick auf das Fermatsche Problem. Von W. Lietzmann. 3. Aufl. [U. d. Pr. 1925.] Bd. 3.

Der Goldene Schnitt. Von H. E. Timerding. 2. Aufl. Bd. 32.

Einführung in die Trigonometrie. Von A. Witting. Bd. 43.

Methoden zur Lösung geometrischer Aufgaben. Von B. Kerst. 2. Aufl. Bd. 26.

Nichteuklidische Geometrie in der Kugelebene. Von W. Dieck. Bd. 31.

Darstellende Geometrie. Von W. Kramer. [In Vorb. 1925.]

Darstellende Geometrie d. Geländes u. verw. Anwend. d. Methode d. kot. Projektionen. Von R. Rothe. 2., verb. Aufl. Bd. 35/36.

Karte und Kroki. Von H. Wolff. Bd. 27.

Konstruktionen in begrenzter Ebene. Von P. Zühlke. Bd. 11.

Einführung in die projektive Geometrie. Von M. Zacharias. 2. Aufl. Bd. 6.

Funktionen, Schaubilder, Funktionstafeln. Von A. Witting. Bd. 48.

Einführung in die Nomographie. Von P. Luckey. I: Die Funktionsleiter. 2. Aufl. II: Die Zeichnung als Rechenmaschine. Bd. 28 u. 37.

Theorie und Praxis des logarithm. Rechenstabes. Von A. Rohrberg. 3. Aufl. Bd. 23.

Mathematische Instrumente. Von W. Zabel. I. Hilfsmittel und Instrumente zum Rechnen. II. Hilfsmittel und Instrumente zum Zeichnen. [U. d. Pr. 1925.] Bd. 59 u. 60.

Die Anfertigung mathem. Modelle. (Für Schüler mittl. Kl.) Von K. Giebel. 2. Aufl. Bd. 16.

Mathematik und Logik. Von H. Behmann. [In Vorb. 1925.]

Mathematik u. Biologie. V. M. Schips. Bd. 42.

Die mathem. Grundlagen der Variations- u. Vererbungslehre. Von P. Riebesell. Bd. 24.

Die mathematischen u. physikalischen Grundlagen der Musik. Von J. Peters. Bd. 55.

Mathematik und Malerei. 2 Bde. in 1 Bd. Von G. Wolff. 2. Aufl. Bd. 20/21.

Elementarmathematik und Technik. Eine Samml. Elementarmath. Aufgaben m. Beziehung zur Technik. Von R. Rothe. Bd. 54.

Finanz-Mathematik. (Zinseszinsen-, Anleihe- u. Kursrechnung.) Von K. Herold. Bd. 56.

Die mathematischen Grundlagen d. Lebensversicherung. Von H. Schütze. Bd. 46.

Riesen und Zwerge im Zahlenreiche. Von W. Lietzmann. 2. Aufl. Bd. 25.

Geheimnisse der Rechenkünstler. Von Ph. Maennchen. 3. Aufl. Bd. 13.

Wo steckt der Fehler? Von W. Lietzmann und V. Trier. 3. Aufl. Bd. 52.

Trugschlüsse. V. W. Lietzmann. 3. Aufl. Bd. 53.

Die Quadratur des Kreises. Von E. Beutel. 2. Aufl. Bd. 12.

Mathematiker-Anekdoten. Von W. Ahrens. 2. Aufl. Bd. 18.

Scherzaufgaben u. Probleme. Von J. Preuß. [In Vorb. 1925.]

Die Fallgesetze. Von H. E. Timerding. 2. Aufl. Bd. 5.

Kreisel. Von M. Winkelmann. [In Vorb. 1925.]

Atom- und Quantentheorie. Von P. Kirchberger. Bd. 44 u. 45.

Ionentheorie. Von P. Bräuer. Bd. 38.

Das Relativitätsprinzip. Leichtfaßlich dargestellt von A. Angersbach. Bd. 39.

Drahtlose Telegraphie und Telephonie in ihren physikalischen Grundlagen. Von W. Ilberg. Bd. 62.

Optik. Von G. Günther. [In Vorb. 1925.]

Dreht sich die Erde? Von W. Brunner. Bd. 17.

Die Grundlagen unserer Zeitrechnung. Von A. Barneck. Bd. 29.

Mathematische Himmelskunde. Von O. Knopf. Bd. 63.

Mathem. Streifzüge durch die Geschichte der Astronomie. Von P. Kirchberger. Bd. 40.

Theorie der Planetenbewegung. Von P. Meth. 2., umg. Aufl. Bd. 8.

Beobachtung des Himmels mit einfachen Instrumenten. Von Fr. Rusch. 2. Aufl. Bd. 14.

Grundzüge der Meteorologie, ihre Beobachtungsmethoden und Instrumente. Von W. König. [In Vorb. 1925.]

Weitere Bände befinden sich in Vorbereitung

Verlag von B. G. Teubner in Leipzig und Berlin